U0663612

适老·宅
——居家适老化改造设计创新案例解析

周燕珉　主编

中国建筑工业出版社

本书编委会

编　　委：马国馨　李存东　刘晓钟　王　晔　李朝阳

　　　　　鲍　莉　罗椅民　逯　薇　李文捷　周燕珉

　　　　　程晓青　王舒展　陈首春

主　　编：周燕珉

执行主编：李广龙　罗　鹏　邱　婷　方　芳

前言

本书是 2024 年度首届"居家适老化改造设计创新大赛"优秀获奖作品的成果汇编。

随着我国人口老龄化的加剧，老年人群体日益庞大，相较于其他养老方式，居家养老更加符合老年人的生活习惯、心理意愿和经济状况。因此，如何通过居家适老化改造，打造一个安全、舒适、宜居的居家环境，成为老年人对养老的迫切需求，也成为社会各界对提升老年人生活质量、减轻老年家庭赡养老人负担的关注焦点。近年来，政府、企业、社会组织以及个人都在积极探索和实践适老化改造的新模式、新技术和新方法。在这一背景下，首届居家适老化改造设计创新大赛应运而生，我们希望能够通过举办本次大赛，面向社会普及适老化改造设计的相关知识与理念，征集一批优秀的居家适老化改造作品，以全面带动、提升整个养老行业的设计水平，进而促进我国适老化相关产业的高品质发展。

本次大赛由北京市发改委、北京市住建委、北京市民政局和北京市商务局作为指导单位，清华大学建筑学院担当学术总顾问，中国老年学和老年医学学会、中国老龄产业协会主办，清华大学建筑设计研究院有限公司、中国老年学和老年医学学会标准化委员会、北京安馨优住适老健康科技有限公司、北京今朝装饰设计有限公司承办。

为面向养老行业内的设计师、高校师生、相关企业单位及个人广泛征集不同类型的适老化改造设计作品，鼓励社会各界依据自身特点踊跃参与，本次大赛设有两大赛道、三类题目（图 1）。

两大赛道分别是实践类作品和方案类作品。实践类作品对应的题目为已经改造完成的实践案例，而方案类作品则对应两类题目，分别为整体套型优化和局部空间的模块

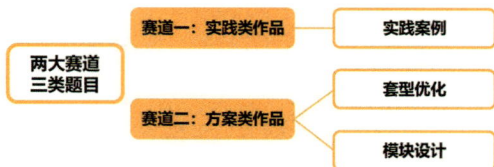

图 1　本次大赛题目设置

设计，供参赛选手自主选择。

回顾本次大赛的整体历程，从大赛启动到本书结集出版，大体可分为三个阶段，即作品征集阶段、作品评审及颁奖阶段和作品成书阶段。

▶ 一、作品征集阶段

本次大赛于 2024 年 9 月 13 日在清华大学建筑学院举办启动仪式（图 2），之后历经 2 个多月的作品征集，于 2024 年 11 月 24 日截止提交作品。

在作品征集阶段，我们通过举办多种形式的线上、线下活动，并配合自媒体等手段，对居家适老化改造的相关知识进行宣讲，并与参赛选手及社会各界积极互动。大赛启动后，我们邀请多位行业专家，共进行了 3 次全网直播（图 3），共同剖析改造案例，分享适老设计理念，得到了社会各界的广泛关注，累计观看人数超 23000 人；另外进行了 6 次线下讲演，涵盖北京、广州、深圳、重庆等一线城市，并且利用"居家适老化改造设计竞赛"和"周燕珉工作室"公众号平台发布相关视频 12 条、文章 18 篇，分别获得近 10 万次播放量和 2.2 万次阅读量。

本次大赛得到了社会各界的踊跃参与，成果斐然。经过统计，本次大赛共计获得 436 位参赛选手提交的有效

图 2　2024 年 9 月 13 日在清华大学建筑学院举办大赛启动仪式

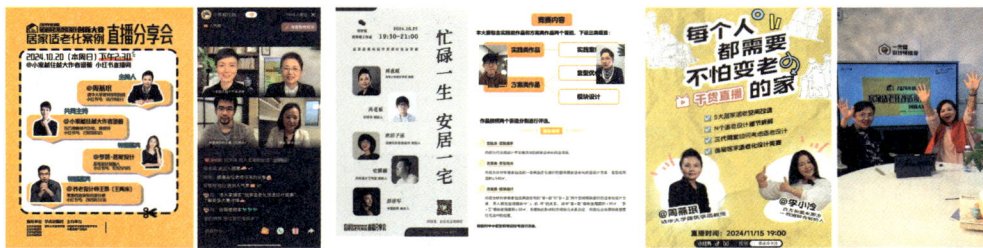

图 3　本次大赛线上直播宣传海报及活动场景

作品 450 份，其中实践类作品 39 份，方案类作品 411 份。在所有参赛选手中，高校师生约占 80%，是本次大赛参赛的主力军，他们结合各自学校的设计课程认真准备，其作品所体现的设计思想理念具有创新性；设计公司和设计师约占 12%，作品以实践类作品为主，包括不同地域、不同年代、不同家庭结构的适老化改造实践案例，具有很强的实用性、落地性；相关企业、厂家也有参与，约占 7%，这些单位发挥各自优势，将家居部品、智能化技术等与适老化设计进行了很多融合的尝试，为养老事业添砖加瓦。

▶ 二、作品评审及颁奖阶段

在作品征集结束之后，我们随即开展作品评审。本次大赛的评委会由 11 位来自相关设计单位、家居企业、高校、协会的行业专家组成（图 4）。每位专家都在其专业领域有着深厚的造诣和显著的建树，能够保证本次大赛作品评审具有权威性、专业性。同时，所有参赛作品皆为匿名评审，保证了评审过程的公平公正。

初审阶段：2024 年 11 月 25—27 日，评委会专家对作品进行了初审，对内容的完整性、规范性和设计深度等进行初步评定筛选，450 份作品中 154 份进入下一环节。

二审阶段：11 月 27—12 月 2 日，由六位资深学者专家组成的二审专家组对作品进行进一步筛选，在充分比较讨论后，从 154 份作品中再次筛选出 50 份优秀作品。

终审阶段：12 月 5—12 月 9 日，竞赛评委会 11 名评审委员，分别对 50 份作品进行甄选及匿名投票，并于 12 月 11 日在清华大学建筑学院召开最终评审会，在中国工程院院士马国馨院士的主持下，以有创新适老理念、设计合理精细、表达清晰完整、便于推广应用为主要评选维度，对 50 份作品进行了严谨审阅和认真讨论，最终确定奖项结果，选出一等奖 4 名，二等奖 6 名，三等奖 12 名，专项奖 3 名。

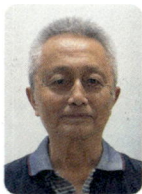

马国馨
中国工程院院士
全国工程勘察设计大师

李存东
全国工程勘察
设计大师
中国建设科技集团
首席专家

刘晓钟
北京市建筑设计
研究院股
份有限公司
总建筑师

王晔
海尔集团CTO，
国家高端智
能化家用电器创新
中心总经理

李朝阳
清华大学美术学院
教授
博导

鲍莉
东南大学建筑学院
副院长
教授，博导

罗椅民
北京康复辅助
器具协会
名誉会长

逯薇
居住研究学者、
作家，建筑师

李文捷
城乡规划专家、
大健康与
养老产业专家

周燕珉
清华大学建筑学院
教授
博导

程晓青
清华大学建筑学院
建筑系
系主任，博导

图4　本次大赛评委会专家

最终，2025年1月12日，本次大赛的颁奖仪式于清华大学建筑学院圆满举行。

三、作品成书阶段

通览本次大赛所征得的成果，可以发现其中不乏优秀、深刻的设计作品，体现出社会各界对于居家适老化设计与改造、老年人日常生活需求的关注与关怀。

我们了解到，很多参赛者以家中老人为设计实践对象，通过观察、访谈等形式，深入了解老年人的生活习惯与身心需求，并将之融入作品的设计与实践之中（图5）。我作为本次大赛的一名组织者，在看到这些作品背后所蕴含的家庭故事、人文关怀后尤为感动。

从作品内容来看，本次大赛的作品视角十分广泛。在地域及空间类型上，参赛作品涵盖全面，从农村老人住宅到香港高层公寓均有呈现；在设计对象上，参赛作品关注了不同年龄、家庭结构、身体条件的老年群体，例如认知症老人、帕金森老人、渐冻症老人等，并且注重老人与宠物、老人与家居智能化技术等新时代所涌现出的老年人生活需求（图6）。这些都体现出参赛者对老年人多元化、多样化的关怀与体察。

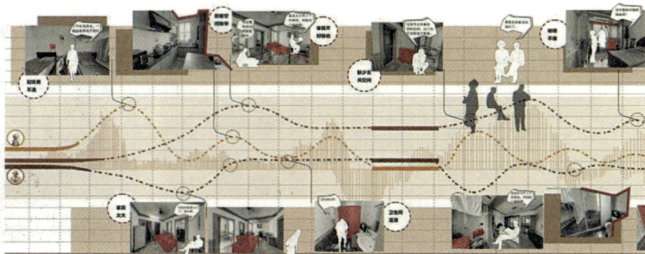

图5　参赛者对家中老人日常起居进行了深入的观察分析

农村老人住宅　　老人与宠物

香港高层公寓　　家居智能化设计

图6　本次大赛作品视角广泛

在作品的图纸表达上，本次大赛所征集的作品也属上乘水准。图纸表达普遍较为严谨、丰富、细腻，体现出参赛者对于本次大赛积极而认真的参与态度。值得一提的是，很多参赛者运用视频、建模、人体工学分析、照明通风分析等新颖而多元的技术手段，更加直观、有效地对自己的设计方案进行了表达（图7）（本书中每个作品均附有其介绍视频的二维码，欢迎大家扫码观看）。

视频制作　　　　建模表达　　　　　人体工学分析

图7　本次大赛作品运用多种表达形式

因此，为了使本次大赛征集到的优秀作品能够更加广泛地为人所知，更好地面向全社会宣传、普及居家适老化设计与改造的知识与理念，我们决定将本次大赛的优秀获奖作品集结成书进行出版。

在作品评审之后我们就开始着手准备书籍出版事宜，并与参赛选手积极互动。在2025年1月，我们与参赛选手、出版社一起切磋、调整作品表达版式，并且进行页面预排版的工作，使得作品更符合书籍出版及传播的要求。在春节前后的一段时间，我们进行了紧凑而高效的4轮线上研讨会，执行主编们也与每位作者深入切磋对所有获奖作品的方案设计、页面排版、图文表达等逐一进行了优化指导。通过获奖作品的不断调整与提升，我们相信最终成书出版的方案作品可以为我国居家适老化的改造设计实践提供更加切实可行的参考借鉴。十分感谢在书籍出版的过程中一直配合修改、不断优化打磨设计作品的各位参赛选手！

在本次大赛的举办过程中，很多协会及企业提供了大力支持，我谨代表大赛组委会向大家表示由衷感谢！感谢以下协办单位（排名不分先后）：中国老龄产业协会老年宜居养生专业委员会、中国老龄产业协会科学技术工作委员会、中国建设银行股份有限公司北京市分行、平安健康互联网股份有限公司、中国建筑科学研究院有限公司、北京市建筑设计研究院股份有限公司、北京建工集团有限责任公司、毕马云设计、北京居然乐屋装饰有限公司、中国老年宜居研究中心、清华大学未来实验室、北京工业大学建筑与城市规划学院、北京易肯建筑规划设计有限公司、北京华茂中天建筑规划设计有限公司、北京泓镜森华咨询顾问有限公司、北京清颐人居建筑设计咨询有限公司。另外腾讯广告积极推流，使得本次大赛相关内容累计曝光超600万次，在此一并表示感谢！

整体而言，本次大赛活动得到了社会各界的广泛支持和踊跃参与，彰显了社会各界对老龄化问题的关注与重视。参赛选手在竞赛过程中努力学习适老知识，积极访问、调研身边老人，体现出了年轻人对我国养老事业的热情与责任心。在老龄化日益严峻的今天，我们希望本次大赛活动可以引导更多人去接触老人、理解老人，激发社会各界对老年人的关爱与支持，为我国的养老事业增添新的活力与希望，共同为打造一个更加包容、和谐、有爱的老年友好型社会贡献力量。

周燕珉

2025年2月

目录

一等奖

二等奖

三等奖

专项奖

导言
我国居家适老化改造的问题、理念与设计手法

当今居家适老化改造逐渐得到社会各界的广泛关注，相关的设计实践、标准研发等工作已触及多个行业领域。近年来，我们与政府部门、企事业单位积极展开合作，在北京、广州、无锡、西安等地开展居家适老化改造相关的调研与研发工作。2024 年，在北京市发改委、北京市住建委、北京市民政局和北京市商务局的指导下，我们举办了首届"居家适老化改造设计创新大赛"，汇集了一批居家适老化改造与设计的优秀案例。

通过上述科研工作和设计大赛的开展，我们真切地感受到我国居家适老化改造领域正在蓬勃发展，并已取得了显著的进步和成果。同时，通过深入的入户调研，我们也能看到在当前的改造实践中还存在一定的不足。下面就我国居家适老化改造现存问题、设计理念和典型的设计手法做分析解读。

▶ 一、现存问题

1. 认识不足

目前，我国居家适老化改造的设计师多为年轻人。这些年轻人愿意积极主动去学习适老化设计相关知识，但是在开展适老化改造实践时，容易根据自己对老年人生活的设想，"想当然"地进行一些适老化设计。这导致有的设计成果可能缺乏对老年人真实生活困难、身心特点的深刻体会与理解，难以真正契合老年人的实际需求。例如紧急呼叫器和扶手，在未充分考虑老年人真正使用场景的情况下，往往出现安装位置错误、难以使用的问题（图1、图2）。

同时，部分老年人对于自身状况的估计过于乐观，认为不需要适老化设施，甚至对适老化改造存在一定排斥心理，觉得改造既花钱又累赘，不愿配合。这需要我们加强社会宣传，更多地普及适老化改造理念，并且能够根据老年人不同的身心状况、生活需求，提供更加多样化、更加适配的改造设计及"产品"。

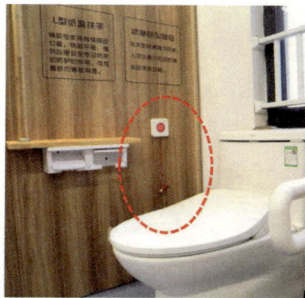

图 1 紧急呼叫器过于靠里，老人摔倒时难以够到

图 2 洗手台两侧扶手在洗手时无法借力

2. 设计程式化

目前，部分设计院和家装公司在进行老年人住宅改造时，往往想到的是遵循国家规范的底线要求，比如在住宅空间里注重"画圈圈""装扶手"（图3）。这固然是

有必要的，但其实仅仅是完成了适老化改造的"基础动作"，老年人还有很多细致的生活需求没有得到满足。这也导致了我国现阶段的适老化改造呈现程式化、同质化、千篇一律的问题，忽视了不同老年人家庭个性化、差异化的特征，未能充分符合实际生活场景的需求。

3. 缺乏灵活改造措施

通过我们大量的入户调研发现，目前所进行的居家适老化改造，往往在面对复杂而具体的空间改造矛盾时，缺乏有针对性和灵活性的改造措施。

例如，常见卫生间门槛存在难以消解的高差，且门前的走道多较为狭窄（图4）。若按规范要求铺设坡道，可能会造成坡道过长，占据过道空间的问题，且坡道两侧会产生新的高差，给老年人通行带来障碍，实际为不可行。因此，我们要根据实际情况转换设计思路。

实践中我们碰到过这样一个家庭，该户卫生间有一门槛，但因为各种原因无法清除，但老人腿脚状况尚好，能够独立进出卫生间，只是在进入卫生间时需要撑扶侧墙稳定身体。于是，经过与老人及其家属的商议，我们采用了更加可行的改造措施，在卫生间门口增设一个竖向扶手，帮助老人抬腿迈入卫生间时进行撑扶。后面进行回访时老人感到很满意，称能够解决她的问题。

► 二、设计理念

1. 让老人更加独立、自主地生活

适老化改造的核心理念和主要目标是保证居住环境安全、方便、舒适，让老人能够在家中保持更为长久的自主生活。例如，仔细了解老人在洗浴过程中的动线和需求，在改造设计时提供充分的支持设施，如扶手、防滑地面、淋浴坐凳、适宜的照明等，确保老人能够独立、安全地行动、操作。

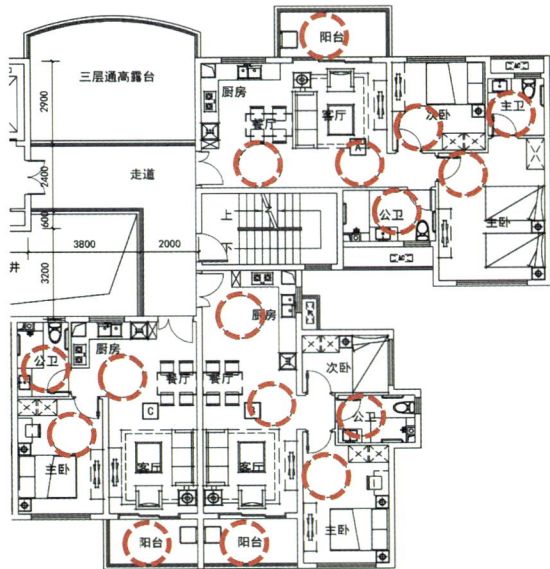

图3 "画圈圈"常成为适老化住宅的"标签"

图4 狭窄走道设坡道阻碍通行，可在门旁设竖向扶手供老人撑扶

2. 促进家庭和谐交流

居家适老化改造不仅仅是把关注点放在老人身上，也应关注到整个家庭所有成员的生活需求，进而促进家庭成员之间的和谐共处。在空间布局上，既要保证每位家庭成员都能拥有相对独立的生活空间，又要设有全家共处、互动的空间；在视线与动线设计上，同样需保证既要有一定隐私，又能够做到在空间上视线通达、动线便捷，使家人互动、互助关系恰到好处。

3. 利于照护者提供帮助

在适老化改造的空间布局上，需充分考虑照护者的服务需求。提高照护者日常照护的便利性、舒适性，便于其为老年人提供更加细致周到的照护服务；同时，老年人生活在利于照护的空间环境中，也能更多地被照看，从而感到安心和温情。

例如，本次大赛一等奖作品"忘不掉的家"，是为一户85岁患有认知症的老母亲，与其两位65岁以上子女设计的家。子女作为照护者，同样是老人，设计中也要照顾他们的需求。设计师将老母亲的居室设在整个住宅的中心位置，便于子女在各个空间中都能看到母亲，前往照护的动线也十分短捷，有利于支撑这样一个"老老相护"的家庭（图5）。

4. 具有可变性与可持续性

居家适老化改造需具有一定可变性与可持续性，通常预先设计可分可合的空间，使居住者后续能够根据老人身体条件、家庭结构的变化做出灵活应对。例如，将靠近住宅入口的卧室设计成具有独立出去的可能性，可以在多代同堂家庭中作为单独的卧室使用，也可在家庭人数减少时分离出去，通过简单地改变入户门位置，实现"余房出租"，帮助老年实现家庭"以房养老"的目的（图6）。

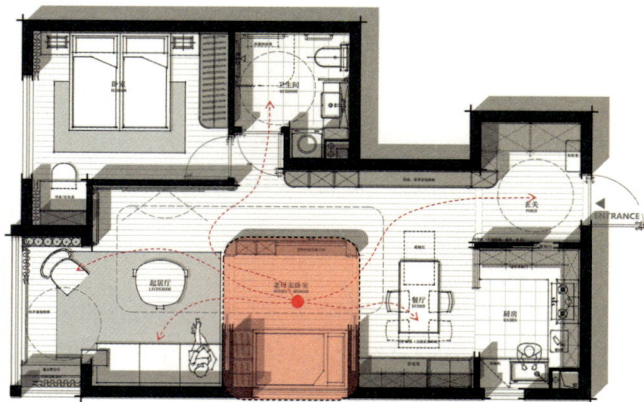

图5　老人卧室居中布置，动线便捷，利于照护

图6　老人卧室相对独立，可根据家庭结构的变化单独出租

▶ 三、设计手法

在居家适老化改造实践中，依据改造空间和服务对象的不同，有很多具体、灵活的设计手法。下面依据本次适老化大赛作品中所涌现的巧妙改造案例，举例进行说明。

1. "隐藏式"扶手

在居家适老化改造中，扶手不可或缺，但也不必在空间中处处都设置，这样会给老年人的心理带来负担，并且可能影响在家中的正常通行与家具摆放。因此，扶手的设置需注重巧妙结合空间、家具布局设计：例如可以利用家具替代扶手，将家具布置在老年人经常需要通行、转身之处，以起到供老年人撑扶的作用；另外还可以利用护墙板、柜体等设置"隐藏式扶手"，既利于空间整体协调美观，又能够为老年人的通行提供支撑和辅助。

本次大赛的作品"山居秋茗"在老人全屋的行进动线上均考虑了撑扶的条件，但却几乎未设明显的扶手，而是利用门把手、搁板、台面等作为扶手替代物，给予老人隐形的支撑与保护（图7、图8）。

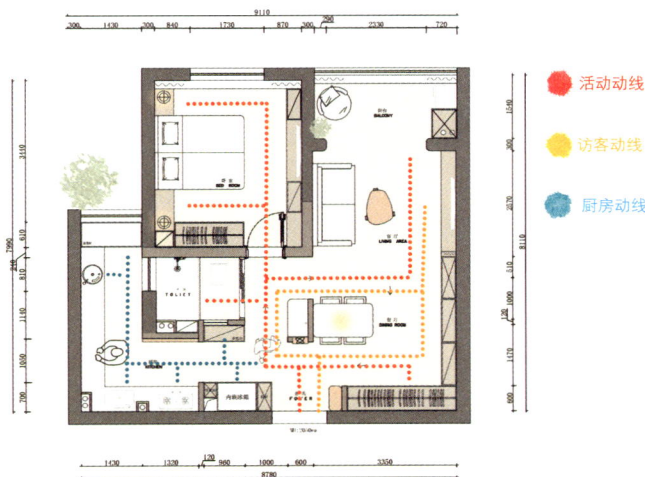

图 7　全屋行进动线考虑撑扶条件

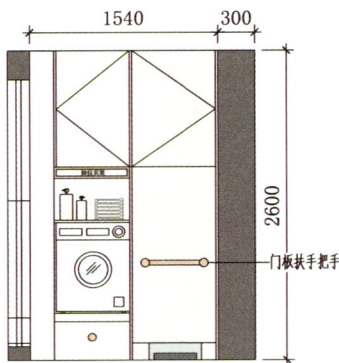

图 8　利用门把手、搁板、台面代替扶手

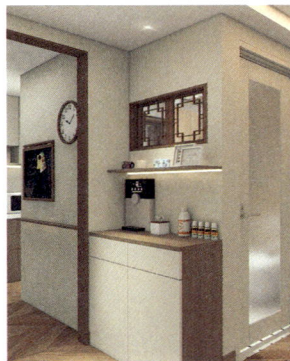

2. 分离式卫生间

在居家适老化改造中，卫生间可根据使用场景采用分离式设计，一方面便于全家人分空间同时使用，提高卫生间使用效率；另一方面也利于干湿分区，保障老年人使用卫生间的安全。

在本次大赛一等奖作品"给80岁母亲的生日礼物"中，设计师将卫生间洗手池外提至客厅，使洗手池前方空间开敞，必须保证乘坐轮椅的老母亲在洗手池前有很好的回转空间，另外卫生间的如厕区和洗浴区相互分隔，解决了空间小和干湿分区的问题（图9）。

图 9　卫生间洗手池外提，使用空间开阔

作品"自在家——与所爱在一起，更自在地变老"也将洗手池设计在卫生间外，并且将卫生间门改为斜向折叠门，使得卫生间门口实现了轮椅回转功能。这一交通"紧要之处"通过细致的调整呈现出开阔、顺畅的空间形式（图10）。

在作品"半城云邸"中，设计师为老年夫妇所用的卫生间加设了一个坐便器隔间，并且与淋浴结合设置，便于两位老人分别使用（图11）。隔间内为暗卫，设计师还加设了高窗提供间接采光（图12）。此外，卫生间双向出入，从客厅、主卧均能到达，加强了老人白天和夜晚使用卫生间的方便程度。值得一提的是，卫生间内还集中设置了洗衣机、烘干机、储物柜等，形成了便捷高效的家政空间。

图10 卫生间门前改造，实现轮椅回转

原户型图　　改造户型图

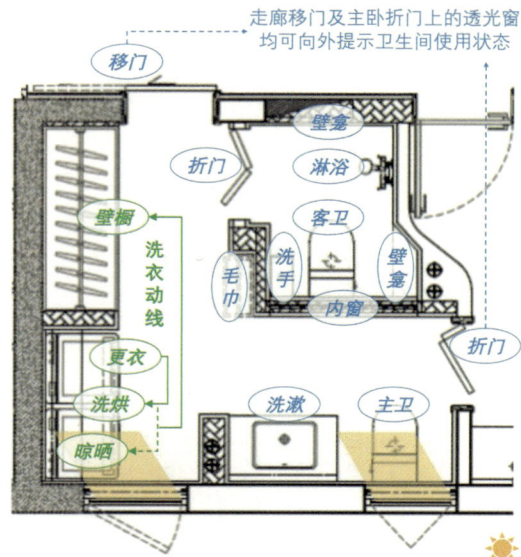

图11 卫生间内加设一个坐便器隔间，并可双向出入

走廊移门及主卧折门上的透光窗
均可向外提示卫生间使用状态

3. 回游动线

　　设置合理的回游动线可显著提升住宅内部的动线便捷度，利于老年人在家中的通行。回游动线还因增设了洞口，利于套内多角度、多方向的采光与通风，并且会起到丰富套内视线，加强空间层次感，使小套型"显得更大"的作用。

　　在本次大赛作品"退休女医生的异形小公寓"中，设计师针对一个极小套型，通过回游动线的巧妙处理，使空间层次感大为加强，并且通过门厅空间区隔、厨房开敞化、厨餐结合、阳台纳入室内等设计手法，使空间分区更加合理，空间使用更加便捷，让一个老旧小套型焕发了新的生机（图13）。

　　本次大赛的一等奖作品"融居·适老宅"也是一个巧设回游动线的典型案例。套型中设置了两条回游动线，一条是在老人居住区域，使得老人有两条动线可以到达家中的公共空间，并且多功能房由此串联，给予了其作为陪护房、娱乐室、书房、家政间的多种可能；另一条回游动线设在了家政洗浴间附近，使家政、厨房紧密结合，利于家务集中操作，同时便于卧室区域使用淋浴间、洗手池等设备（图14）。可以说，本作品中的两条回游动线设计，都是基于全家人实际的生活需求而设置的，极大地方便了日常生活，促进了全家的交流、互助。

图12 暗卫通过高窗间接采光

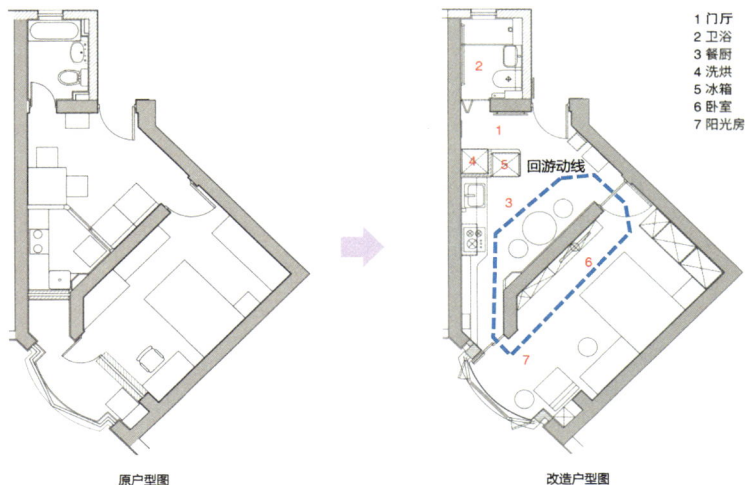

1 门厅
2 卫浴
3 餐厨
4 洗烘
5 冰箱
6 卧室
7 阳光房

回游动线

原户型图　　　　改造户型图

图 13　小套型设置回游动线，加强空间层次感

总体而言，我国居家适老化改造领域目前尚处于平稳发展的起步阶段，在未来相当长的一段时期内，将持续进行大量的实践探索与深入研究。同时，适老化改造的设计理念与实施手法正在不断迭代升级、日趋完善，希望本次大赛涌现的优秀案例可以供大家参考、借鉴。居家适老化改造的道路在未来还将面对诸多挑战，要想真正实现居家适老化改造的广泛普及与高质量发展，还需政府、企业、社会组织及家庭等多方面一起努力，协力前行。

周燕珉　李广龙

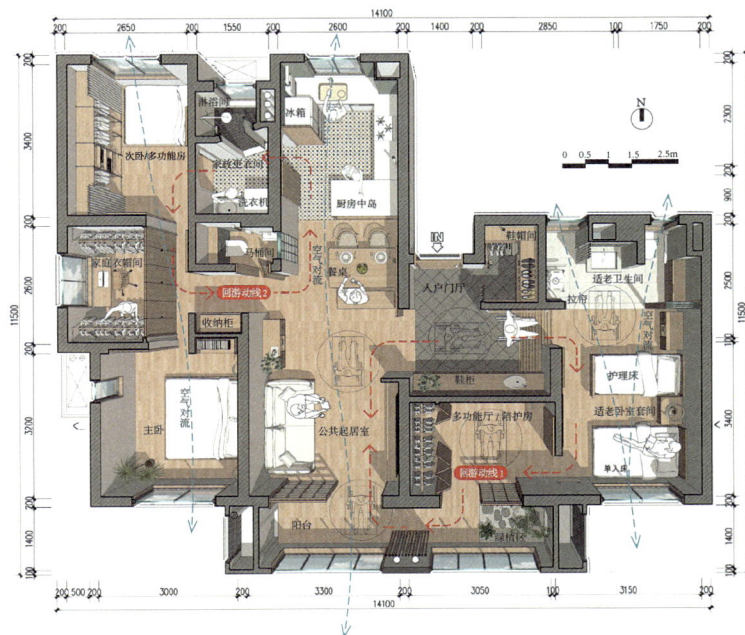

图 14　套内设有两条便捷而实用的回游动线

一等奖

设计者：万勇
单　位：草三冉住宅科技（深圳）有限公司

融居·适老宅
——118m² 居家适老化改造设计

扫描观看视频

▶ 居住问题

　　由于年迈的父亲行动不便，需要轮椅及介护措施辅助，而年事已高的母亲体力不足以承担照护工作。于是年近退休的女儿 D 女士主动承担起照护的责任，买下两间相邻户型，方便照护双亲之余，也为自己老年生活提前做好准备（图1）。

　　原始户型由于墙体布局无法满足轮椅适老化的需求，因此，如何将其改造成适合居家养老的空间，就成了当务之急（图2）。

78 岁　77 岁　长辈：介护养老
58 岁　55 岁　子辈：初步适老
27 岁　孙辈：长大离家

图1　居住者情况

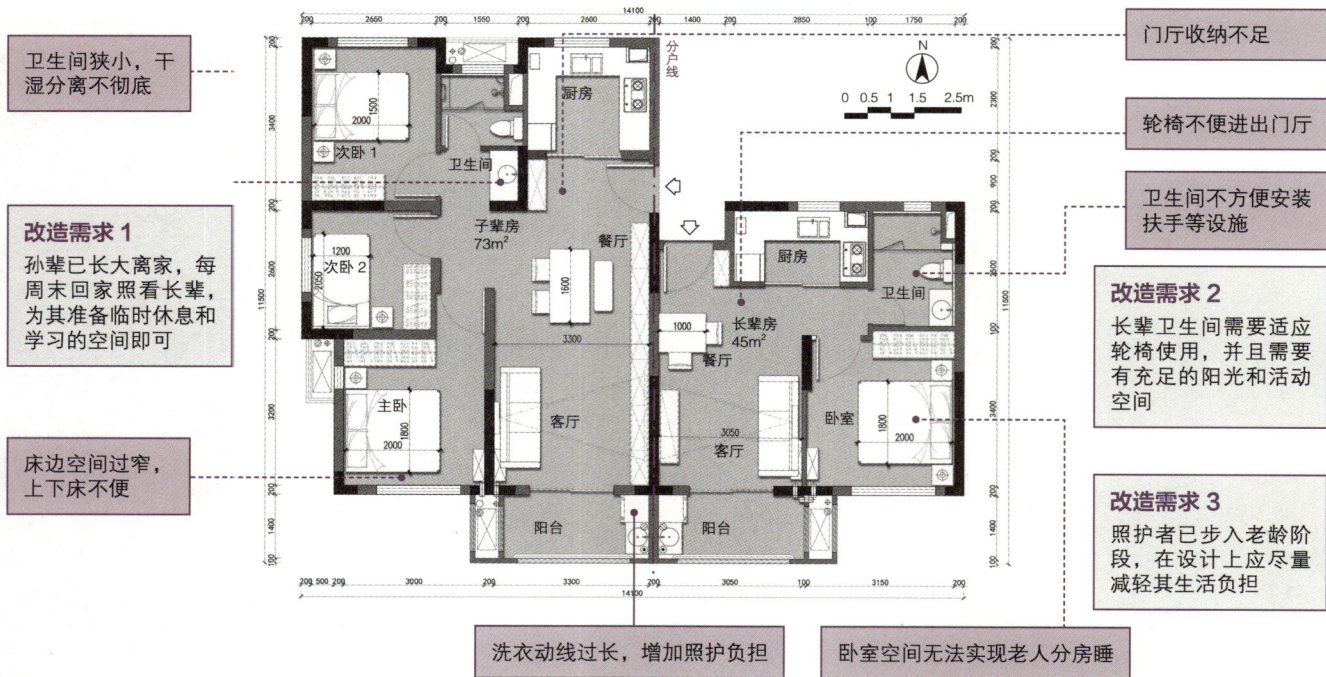

卫生间狭小，干湿分离不彻底

改造需求 1
孙辈已长大离家，每周末回家照看长辈，为其准备临时休息和学习的空间即可

床边空间过窄，上下床不便

次卧 1　2000
卫生间
次卧 2　1200　3050
子辈房 73m²
餐厅 1600
主卧 1800　2000
客厅 3300
阳台

分户线
厨房
N
0 0.5 1 1.5 2.5m

厨房
卫生间
长辈房 45m²　1000
餐厅
客厅 3050
卧室 1800　2000
阳台

门厅收纳不足

轮椅不便进出门厅

卫生间不方便安装扶手等设施

改造需求 2
长辈卫生间需要适应轮椅使用，并且需要有充足的阳光和活动空间

改造需求 3
照护者已步入老龄阶段，在设计上应尽量减轻其生活负担

洗衣动线过长，增加照护负担

卧室空间无法实现老人分房睡

图2　原户型问题

图3 原户型拆除墙体示意图

图例：承重墙、轻体墙、拆除墙体

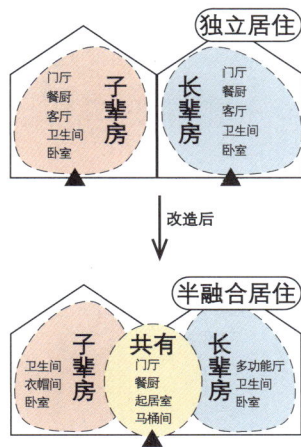

独立居住

子辈房：门厅 餐厨 客厅 卫生间 卧室
长辈房：门厅 餐厨 客厅 卫生间 卧室

改造后

半融合居住

子辈房：卫生间 衣帽间 卧室
共有：门厅 餐厨 起居室 马桶间
长辈房：多功能厅 卫生间 卧室

图4 居住方式示意图

▶ 改造说明

我们对两代人的共同与独立生活空间进行了合理划分。除了睡眠和卫浴等私人区域外，门厅、餐厨以及起居室等公共区域供日常共享，既能提供充足的交流空间，又能确保每一方拥有独立的生活空间（图3、图4）。

动线分析1

为便于地暖铺设和卫浴空间管路改造，我们对全屋地面进行了抬高，并在门厅与养老房之间设置了坡道，确保轮椅能够顺畅通行

动线分析2

从养老房另一边出来，穿过阳台便可到达客厅生活区，形成一条回游动线，扩大了老人在家中的活动空间

点评

两代人的居住空间从门厅左右分开，既各自保持了独立性，又可连通交流。全屋有多条回游动线，将各空间串联起来，使行动更加方便。

动线分析3

为了减轻照护者的负担，我们将厨房橱柜、洗衣机、衣柜等功能相关的物品紧密布置在一起，按照使用动线集中设置，形成第二条回游动线，从而提高家务的使用效率

点评

门厅处一侧为台阶，另一侧为坡道，轮椅无法直接通过，只能绕行去起居室、餐厅，略有不便。

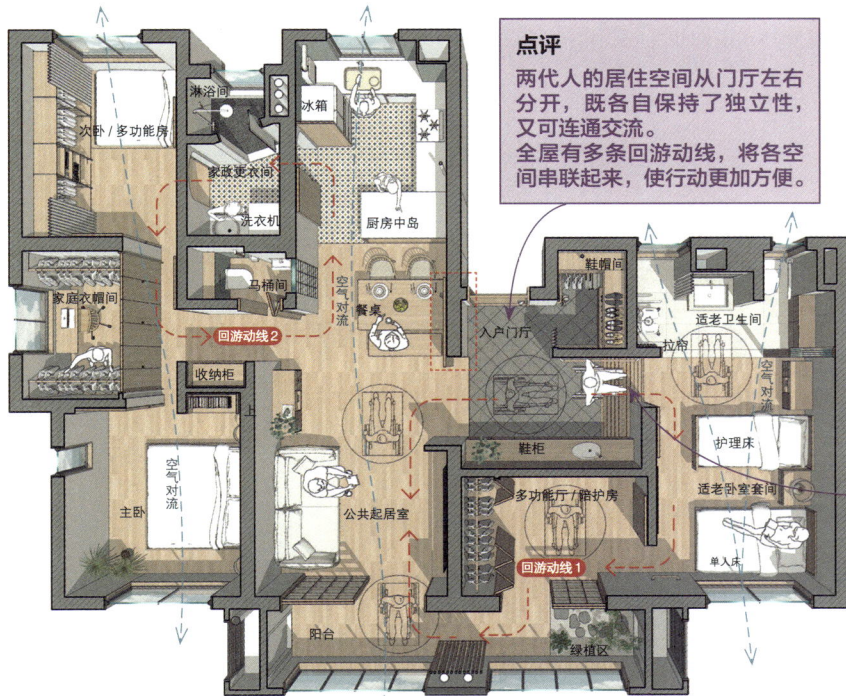

图5 改造后平面图

0 0.5 1 1.5 2.5m

▶ 入户门厅

入户预留出轮椅回转的空间，通往长辈房的一侧根据轮椅老人使用高度设置了扶手，此外矮鞋柜也作为无形的扶手助力使用（图6、图7）。

图6 门厅平面图

竖向扶手，用于换鞋时辅助站立

洗手盆，便于入户洗手

感应地灯，必要时可照亮脚下空间

缓坡

通往长辈房

轮椅回转

通往子辈房

图7 门厅两侧均设置了可开合的移门，需要时可关上，保证长辈和子辈各自的空间独立

▶ 公共起居室

起居室位于户型的中心，可以经由入户门厅以及阳台出入。

原始户型建筑层高较低，在灯光上采用间接照明向上照亮屋顶，营造悬浮感，让空间显高，避免压抑感（图8）。

顶部间接照明，营造柔和均匀的光照氛围

玻璃移门，可经由阳台通向长辈房

中段照明，重点照亮餐桌

格栅移门，可通向门厅

低位照明，作为顶光源补充，照亮脚下空间

图8 作为日常全家人团聚的公共空间，以中性色搭配为主，营造和谐轻松的居家氛围

冰箱与常用电器隐藏在隔断后方

家政间入口

低位照明点亮具有手工肌理感的实木岛台

图9 站在厨房中心，一边看向窗外的风景，一边则是面向起居室的温馨日常

厨房中岛

厨房与餐桌之间设置了中岛台作为边界，不仅增加了收纳和操作台面，也促进了家人之间的互动交流（图9）。

橱柜

考虑到家中做饭者身体健康，设计未采用轮椅无障碍橱柜，而是尽可能地在厨房底柜中增加抽屉设计，以提升收纳能力，存放各类厨房用品（图10、图11）。

彩色人造石水槽

厨房的人造石水槽触感温和，有效降低水流噪声的功能，适用于开放式厨房。其亮丽色彩在营造整体空间氛围之余，也能愉悦做饭者的心情。

常用小家电放置于中岛台面，方便厨房和餐桌两边操作

800mm

地柜采用抽屉形式收纳，减少弯腰下蹲的频率

850mm

推车收纳了高频常用物品，使用时可拉到身边方便的位置

900mm

图10 使用移动推车+开放格代替传统转角柜，方便看见和拿取厨房物品

上方空出的区域设置毛巾架

采用洗烘一体机代替上下叠放的洗烘套组，台面上方可以放置脏衣篮和洗涤用品等

选择了门具有一定倾斜度的洗衣机，便于投放和检查衣物的洗涤状态

1050mm

图11 将做饭洗衣等家务活动集中在一处，优化家务动线，提升照护效率

浴帘轨道

平板支撑
扶手，适用
于起身
借力

竖向扶手
适用于人
座时移动
借力

老人日常淋浴需子辈辅助，
所以给淋浴区预留了较大空间

适老化浴室柜，便于轮椅接近

地面采用速干缓冲地胶，脚感温和有弹性

图 12　适老卫生间入口宽敞，从左到右依次为淋浴区、洗漱区和马桶区

图 13　坐便器扶手使用方式

原有房梁

为了弱化结构梁制作了吊
顶照明装置，同时与门厅
形成对景

卫生间地面内外平整

图 14　卫生间设置透明玻璃门＋拉帘，将此侧的风和光引入卧室

实木缓坡

防滑拉槽

图 15　实木表面刻有拉槽防滑

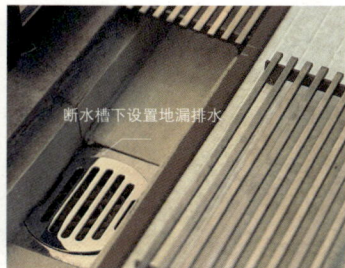

断水槽下设置地漏排水

图 16　断水槽

▶ **长辈区**

适老卫生间

　　改造后的卫生间窗户增加了采光和通风。为了便于老人起夜，卫生间内设置了感应夜灯（图 12、图 14）。

坐便器扶手

　　坐便器旁设置了手握和平板两种支撑形式的扶手，起身借力更加稳固（图 13）。

地面缓坡

　　因卫生间管道改造将地面架空抬高，在门厅处设置缓坡作为过渡（图 15）。

断水槽

　　卫生间内外无高差，入口处设置了断水槽，避免水流溢出（图 16）。

缓冲地胶

　　卫生间地面在瓷砖之上加铺一层缓冲地胶，增加地面弹性，起到防滑防摔的作用（图 17）。

图 17　缓冲地胶

窗帘大小不超出窗户范围，以便留出更多墙面空间，后续可以加装扶手等装置

一通往陪护房和阳台的移门

可移动桌面，便于床上用餐

床中间留出通行过道

图18 床尾移门通向多功能厅陪护房，空间上与阳台一起形成回游动线；老人在室内穿行有多条路径，无须走回头路

老人卧室睡眠区

两位老人分床睡，卧室设置一张护理床和一张单人床，中间留出穿行通道。因老人卧床时间长，采用灯带反射到屋顶的间接照明形式，避免顶光源直射刺激眼睛（图18～图20）。

移门把手可充当扶手使用

图19 从老人卧室看向公共起居室

老人的情感记忆与精神陪伴

老人的衣物主要收纳在隔壁陪护房的壁橱里。这个房间靠近阳台，阳光更多，目前也作为老人的主要活动空间。

通往公共起居室

通往陪护房

格栅遮挡阳台落水管

图20 老人起床后可穿过阳台到起居室跟家人汇合

收纳壁橱，内部采用可调节搁架系统

老人常常坐在此处感受阳光

图21 多功能厅放置老式圆桌，保留老人对过往生活的情感记忆

房间里的一张中式圆桌，是老人的嫁妆，从家庭成立之初便一直陪伴着家人，如同一位老朋友，已经成为老人记忆中不可或缺的一部分。搬家时，许多物品不再需要，但老人坚持把这张桌子带过来。如今，它在新家中继续发挥着它的独特作用（图21）。

▶ 子辈区

次卧多功能房

孩子离家后为其预留一个房间供临时居住，平时作为收纳及多功能间使用。

房间与主卧之间相隔一条走道，日后也可作为陪护房间使用（图22、图23）。

图22　家政更衣间与卧室收纳区相连

主卧

独立家庭衣帽间解放了卧室睡眠区，实现三面下床，常用物品收纳在床头一侧。

卧室门把手同时充当扶手使用，简约的造型与空间风格相吻合（图24、图25）。

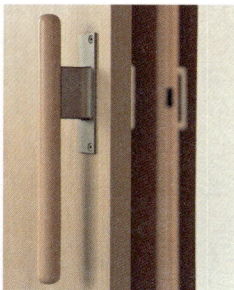

图24　卧室门把手

通往浴室家政间

通往起居室的移门，关闭后两间卧室相互连通，便于后期陪护

感应地灯，便于起夜照明

拉帘轨道，防止衣物落灰

采用灵活的成品收纳架，便于后续挪动调整多功能房的用途

保留了家人情感的樟木箱子

图23　从次卧多功能房看向主卧，左侧连接浴室、家政更衣间，前方连接家庭衣帽间

采用有肌理感的墙面涂料，能够柔和过渡灯光，细腻有质感

床头设开敞器收纳常用高频物品

900mm

图25　主卧睡眠区床头，采用低位灯带照明，家人起夜不刺激眼睛

图26 家人衣物集中收纳在衣帽间，免去换季整理的烦恼

可调节收纳搁架系统，根据衣物长短类型灵活调节高度

家庭衣帽间

衣帽间内部采用可灵活调节的搁架式收纳，主人可根据衣物的形状和数量进行调节，而且衣物悬挂一目了然，更便于拿取（图26）。

三分离卫生间

马桶间、洗面台和浴室独立分区，便于使用和清洁；家政间与收纳区相连，减少家务走动，减轻操作压力（图27、图28）。

独立马桶间

马桶间内配置了独立洗手池，如厕后洗手清洁都在同一空间内完成，更加卫生便捷（图29）。

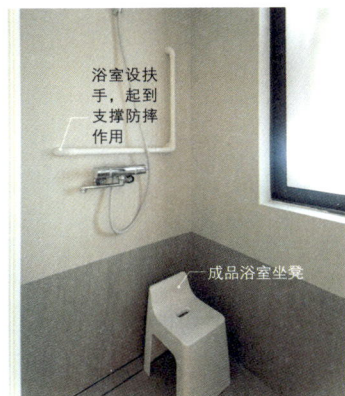

浴室设扶手，起到支撑防摔作用

成品浴室坐凳

图27 淋浴间

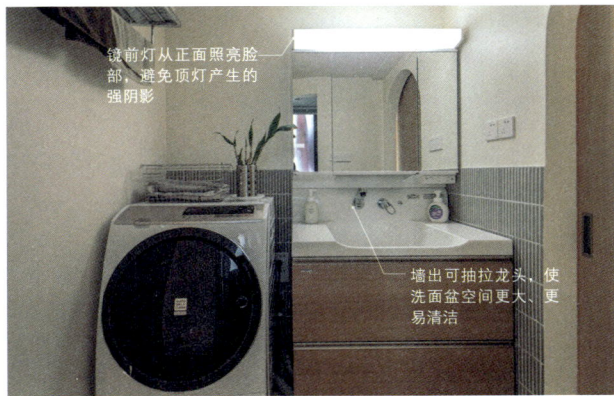

镜前灯从正面照亮脸部，避免顶灯产生的强阴影

墙出可抽拉龙头，使洗面盆空间更大，更易清洁

图28 家政更衣间

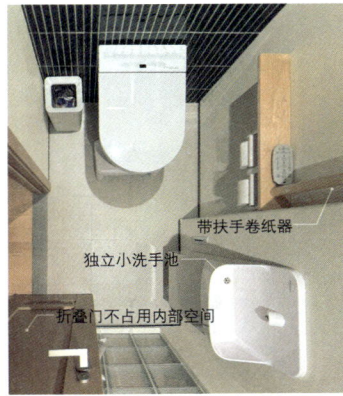

带扶手卷纸器

独立小洗手池

折叠门不占用内部空间

图29 独立马桶间

评委点评

本户改造通过精心的空间布局与设计，巧妙地实现了两代人和谐共处。空间既相互独立，又便于互动支持。其中，套内多处回游动线的设计尤为突出，让两代人能够便捷联系，促进家庭氛围融洽，展现了设计的高度灵活性与实用性。在老年人生活空间中，多功能厅/陪护间可灵活转换，满足多样化生活需求及未来护理需求。老年人专用卫生间采光充足、通风良好，为日常照护提供便利。

作为实践作品，设计师在室内空间完成度上表现出色。每一处细节都经过精心打磨，从空间布局到设施设备，无不体现设计师细致入微的周全考虑。

——清华大学建筑学院教授、博士生导师　周燕珉

给80岁母亲的生日礼物
——独居老人全屋适老化改造

扫描观看视频

常年不在身边的女儿为80岁独居母亲精心准备的养老房。

▶ 原始住宅基本信息

楼层：一楼
户型：两房两厅一厨一卫（带庭院）
面积：室内 58m²，院子 30m²
结构：砖混结构
房龄：40余年

▶ 原有住宅情况

图1　老人处于轻微介助阶段，上下楼梯需要家人提供辅助

图2　20世纪80年代老房子，装修超过30年，设备相对老旧

▶ 长者基本情况

长者年龄： 80岁

健康情况： 老人总体健康情况尚可，患有老年人慢性支气管炎，肺部功能较弱。

自理能力： 生活相对可以自理，但进行洗澡、起身、上下楼梯或台阶等日常活动需要辅助。

性格： 性格比较内向，少语，喜欢居家独处。

居住情况： 独居，有钟点工阿姨每日2小时到家提供生活和起居照顾。

图3　卫生间仅2m²，拥挤且功能性不足，地面湿滑行走危险

图4　卧室采光一般，老钢窗不密封，冬天保温性能不佳

图5　客厅照明不足，阳台存在门槛，老人行走不便

图6　厨房间操作台面少，储物空间不足，很多物品摆在地上

图7　餐厅位于房间中部，采光、通风较差

图8　阳台和院子有高差40cm，老人进出不便，存在安全风险

▶ 设计理念及改造思路

室内外空间融合

通过优化空间布局，采用无高差地面和开放式阳台设计，消除室内外界限，延展老人的活动空间，实现物理环境与心理感知的双重融合。

生活照护场景融合

卧室考虑未来护理需求，配置适老功能床和陪护床。

全屋配置智慧化养老设备，让女儿能远程时刻了解到老人和照护者情况。

餐厨一体融合

通过把原有闲置的次卧室改造为餐厨一体的整体空间，提升空间的利用效率，同时让日常的厨房操作和就餐更加方便。

卫生间、庭院功能优化

重新规划卫生间的功能区，使如厕、洗浴、洗漱三个功能互不影响。

优化庭院功能区，提高了庭院空间的舒适度和生活品质。

▶ 改造后功能区规划

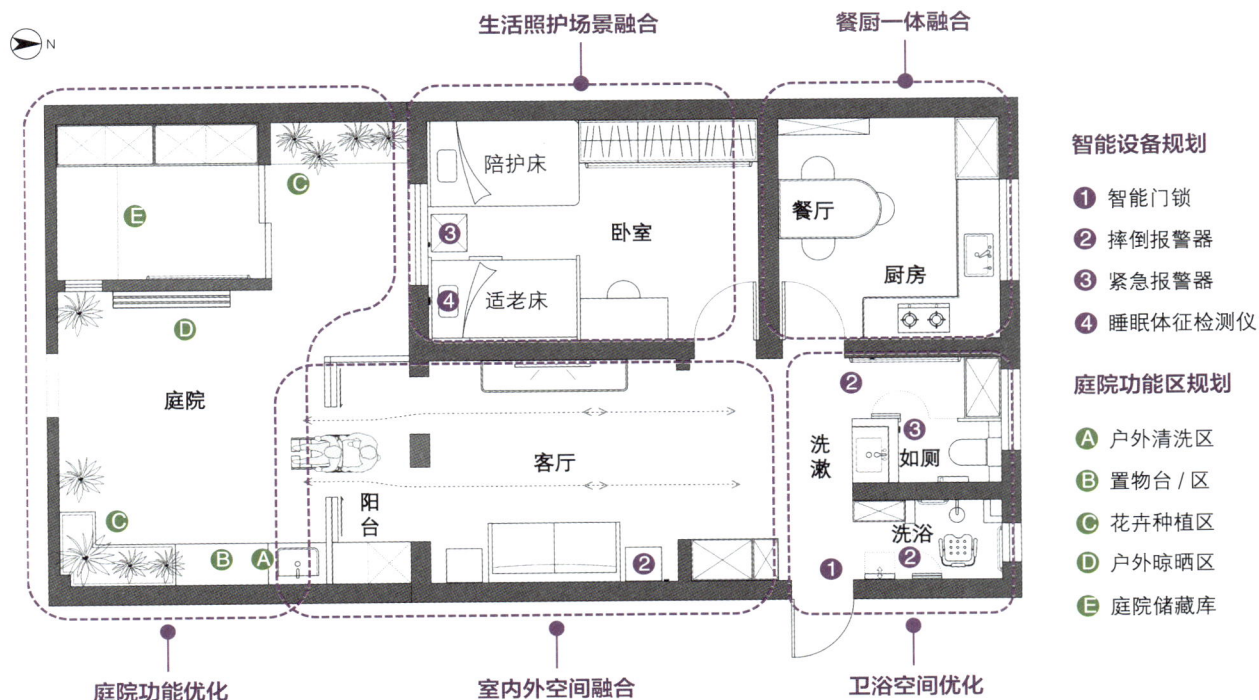

智能设备规划

1 智能门锁
2 摔倒报警器
3 紧急报警器
4 睡眠体征检测仪

庭院功能区规划

A 户外清洗区
B 置物台 / 区
C 花卉种植区
D 户外晾晒区
E 庭院储藏库

图 9　改造后平面图

储物间改造

缩小储物间面积，减少对卧室光线的遮挡；

配置 1.8m 高货架，方便老人存放和拿取物品；

整体翻新后空间干净整洁，无卫生死角，减少了蚊虫滋生

老人卧室改造

配置养老功能床，增加陪护床，方便照护；

卧室中部位置空置，床头附近增加多处电源，为后期照护和使用辅具预留足够条件；

配置睡眠监测仪、紧急报警器，女儿能及时关注到老人情况

次卧改造

原闲置次卧改造为餐厨一体空间，增加了台面、储物空间，提升了厨房的收纳和操作功能；

橱柜台面采用高低台设计，减少弯腰；

餐厨一体方便老人做饭后就近用餐

卫生间改造

卫生间三分离设计，功能更独立，使用更方便；

卫生间地面铺设防滑地胶材料、安装助力扶手、配置紧急呼叫器和摔倒报警器等智能设备，提高了卫生间的整体安全性、舒适性和便捷性

点评

在院中配置如此大的储藏间，真是太有用了！

点评

卧室留出一定空间，为将来辅具机器人等电器设备的进入和摆放留有余地，很好的想法！

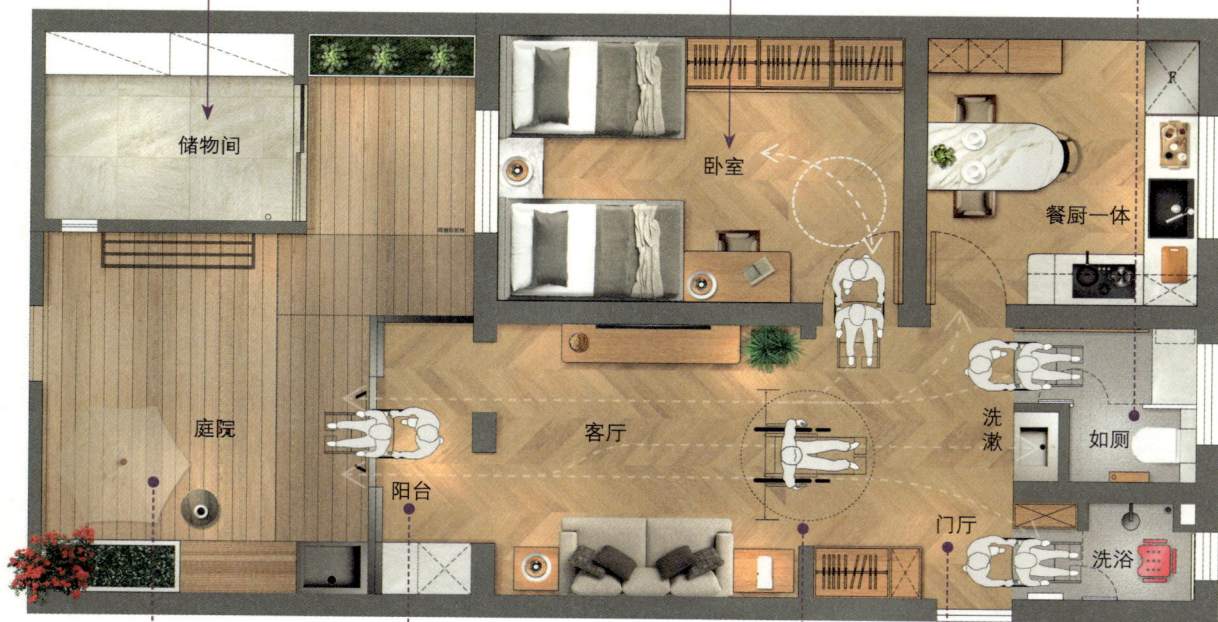

N

储物间

卧室

餐厨一体

庭院

客厅

洗漱

如厕

阳台

门厅

洗浴

庭院改造

庭院整体抬高，实现室内和室外完全无高差，通行更方便；

划分清洗区、置物区、储藏区、晾晒区、绿植区，功能更完善，布局更合理；

庭院地面、墙面铺设防腐木，美观耐用

阳台改造

阳台窗采用对开大落地窗，提升采光、通风性能；

洗衣机抬高处理，减少老人弯腰带来的疲劳，配置电动晾衣架，晾晒轻松方便。

阳台外部采用玻璃雨棚，减少雨水和灰尘进入房间

餐厅改造

打通原餐厅到阳台的非承重墙，扩大客厅空间，使整个空间宽敞、通达、明亮；

家具沿墙体布置，留出客厅中部的空间，方便轮椅通行

践行养老住宅声音通、视线通、空气通、动线通的四通原则

门厅改造

入户门配置智能门锁，避免忘记钥匙带来的麻烦；

入户门口设置鞋柜、换鞋凳，方便老人进出换鞋。

设置开放式置物台和门厅衣柜，方便老人随手整理外套衣物与出门物品

图 10　改造设计分析图

实现养老四通
改造后从客厅到庭院地面完全平整通达，实现养老住宅的视线通、声音通、空气通、动线通的四通目标

庭院到客厅
通达、敞亮

阳光照到客厅中部

图 11　改造后从客厅到庭院空间宽敞、视线开阔、光线明亮

▶ 提升全屋舒适度

　　全屋铺设地暖 + SPC 防滑地板，提高冬季室内的舒适度；配置系统门窗更加静音隔热；配置风扇灯，适应老人的生活习惯；配置柔和的中性光源，对老人的视力更加友好（图 12~ 图 14）。

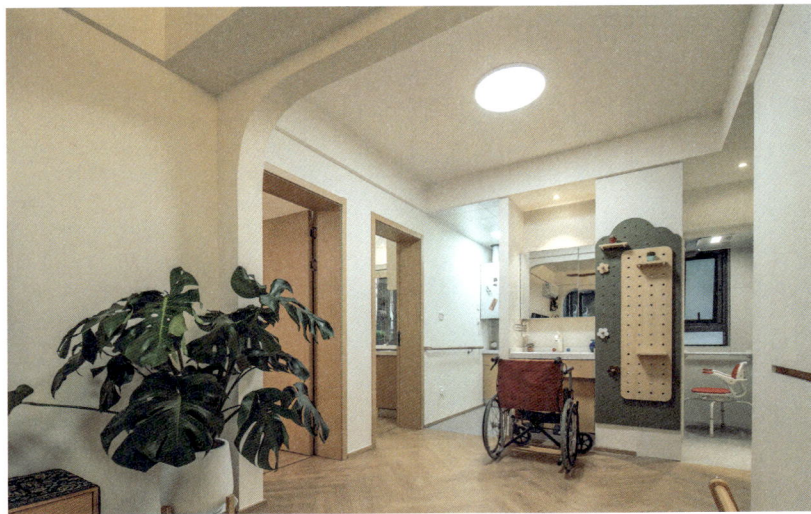

图 12　系统门窗　　　　图 13　地暖 +SPC 地板　　　图 14　改造后空间整体照明充足，温馨明亮

实现全屋无障碍

改造后室内各区域全部无高差，并且门洞和通道为满足后期轮椅的通行需求，预留了足够的空间

图 15　全屋无高差，老人行走或使用轮椅通行无障碍

▶ 卧室考虑未来护理需求

卧室中部预留足够的回转空间，家具灵活布置，预留充足电源插座，为将来的护理需求做好准备；安装体征监测仪、紧急报警器等设备，让女儿能时刻关注到老人的身体状况（图16、图17）。

点评

不一定全要隐藏式扶手。中部设计连贯的扶手会切开上下柜导致柜内缺少高空间，不利于挂放长衣。

睡眠监测

紧急呼叫

图 16　老人床边配置睡眠监测仪和紧急报警器

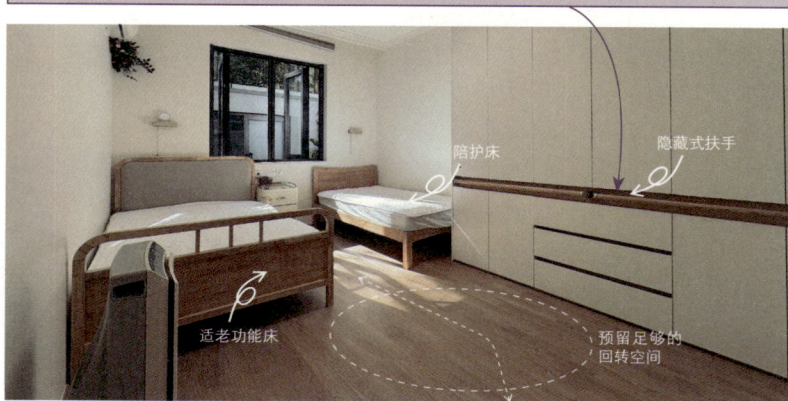

陪护床

隐藏式扶手

适老功能床

预留足够的回转空间

图 17　卧室中部预留足够的回转空间，配置适老功能床、陪护床，安装隐藏式扶手

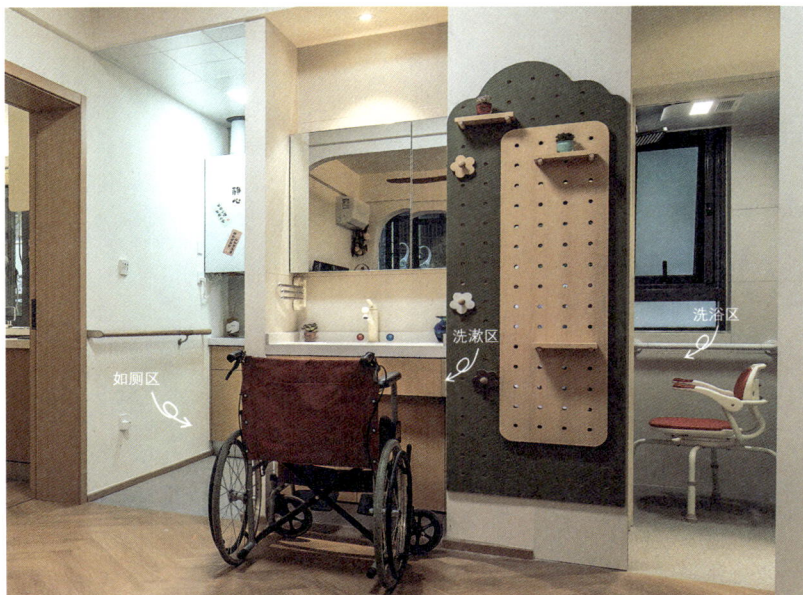

图 18　卫生间三分离设计，兼具功能性和舒适性

▶ 卫生间功能三分离

如厕、洗浴、洗漱互不影响。地面铺贴防滑地胶，老人行走更安全。配置助力扶手、恒温花洒、旋转洗澡椅、摔倒报警器等适老产品，使卫生间更加安全好用（图18～图20）。

点评
卫生间呼叫器设在外侧，进出时容易误碰，可置于内侧，厕纸架在墙面上。

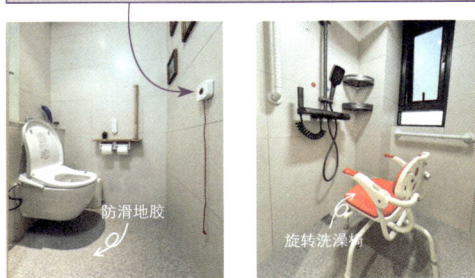

图 19　如厕空间

图 20　淋浴空间

▶ 厨房操作便捷

把原有闲置的次卧改造为餐厨一体的开放空间，增加操作台面和储物空间，使日常烹饪操作以及老人就餐更加方便（图21、图22）。

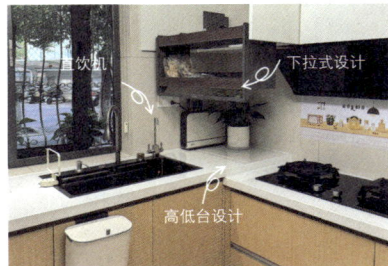

图 21　厨房设计分析

点评
角部吊柜不便取物，设下拉篮可加强空间利用，但需注意下拉篮也要考虑老人是否拉得动，最好是智能电动的。

图 22　改造后的厨房宽敞舒适，台面多操作方便，空间整洁有序

图 23　阳台和客厅融合，形成整体室内空间，同时兼顾洗衣和晾晒衣物的功能

图 24　阳台安装电动晾衣架

▶ 阳台融合室内外空间

　　阳台做开放式设计，成为连接室内和室外的过渡空间，使客厅和庭院在心理上融合在一起；阳台同时兼顾了洗衣和晾晒衣物的功能（图 23、图 24）。

▶ 庭院延续老人精神空间

　　庭院角落保留了老人种植二十年的蔷薇花，与空间融通共生。新院子既拓展了空间，又延续了老人的时光记忆（图 25 ~ 图 27）。

图 25　庭院设户外晾晒区

图 26　阳台采用对开大落地移门，外部安装玻璃雨棚，既美化了空间，又具有实用性

图 27　暮院灯辉相映，织就檐下光影共生

评委点评

　　该作品是子女为家中 80 岁独居母亲所做的适老化改造的建成案例，体现出了年轻人对老年人生活的细心关怀，观后让人感动。

　　厨房与卫生间的改造是该作品的设计亮点。设计师将老母亲使用频率较高，但原本空间较狭窄的厨房、卫生间进行了放大处理。厨房是由一间次卧室改设的，并且纳入了餐桌，使老母亲在烹饪后不用搬动餐具就可就餐。卫生间采用三分离设计，并将洗手池外提至客厅，使洗手池前方留有充足的轮椅回转空间，更加方便了老年人日常洗漱。此外，设计中还在庭院里增设了大储藏间，满足了老年人的收纳需求。在室内色彩运用上，该作品以明快、温馨为主基调，为老年人营造出了一个既舒适又充满生机的居住环境。

——清华大学建筑学院教授、博士生导师　周燕珉

忘不掉的家
——阿尔兹海默症老人一家的旧宅改造

扫描观看视频

▶ 老人的一家及其需求

·85 岁患阿尔兹海默症的母亲

记忆像褪色的老照片，渐渐模糊了至亲的名字。可当儿女的身影映入眼帘，老人便会觉得安心。她的作息紊乱，客厅的谈笑声中，她可能突然坠入梦乡；寂静的午夜，又会毫无预兆地醒来。因此，家人希望无论在干什么，都能随时看到母亲的状态。

·65 岁的女儿

女儿是照顾母亲的主力，她的备忘录里画满了圈圈叉叉，记录着老人吃药、吃饭、睡觉的时间。她睡得很浅，耳朵时刻捕捉着隔壁房间的动静，就连做饭的时候也会经常跑到母亲的房间看两眼。

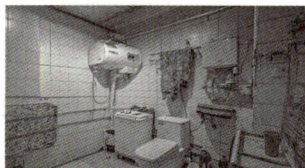

·68 岁的女婿

老伴儿的开心果，在她情绪崩溃的时候逗她笑，喜欢看书看报。

图 1　母亲卧室独立，不便照看

图 2　卫生间安全隐患多

图 3　门厅储物柜收纳不便使用

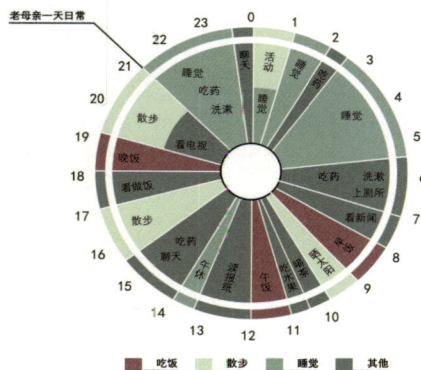

图 4　老母亲碎片化生活作息图

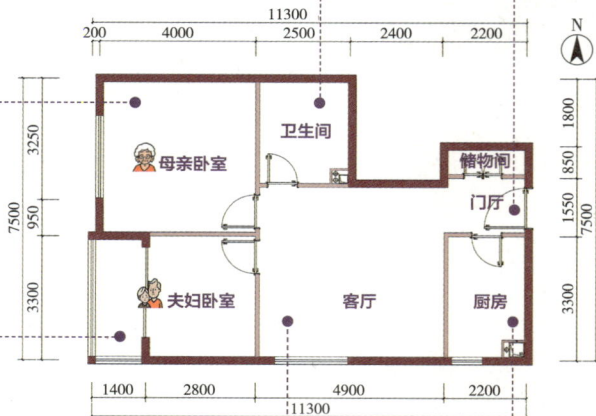

图 5　85m² 两居室原平面图

图 6　阳台晾衣服要穿越卧室

图 7　客厅窗洞口小，采光不佳

图 8　封闭式厨房，视线不可达

▶ 调整功能空间布局，打造视线通透的公共区域

1. 原户型中规中矩，墙体多使用不便

2. 拆除次卧隔墙，放大公区，打开厨房

3. 置入核心，功能空间围绕核心展开

核心

图 9　户型改造过程示意图

▶ 母亲卧室置于家庭空间的中心位置，其他功能空间围绕布置

　　经过调研，我们了解到由于认知症老人存在着记忆力减退、安全意识减弱，以及随时出现突发性行为等问题，相比营造华丽的空间，一个视线通透、动线便捷且温馨熟悉的居住环境更有助于老人安心地生活和家人照护。因此，将母亲房间置于户型中心位置，便于女儿女婿随时观察老人的情况，及时应对突发状况，确保其安全（图 10）。

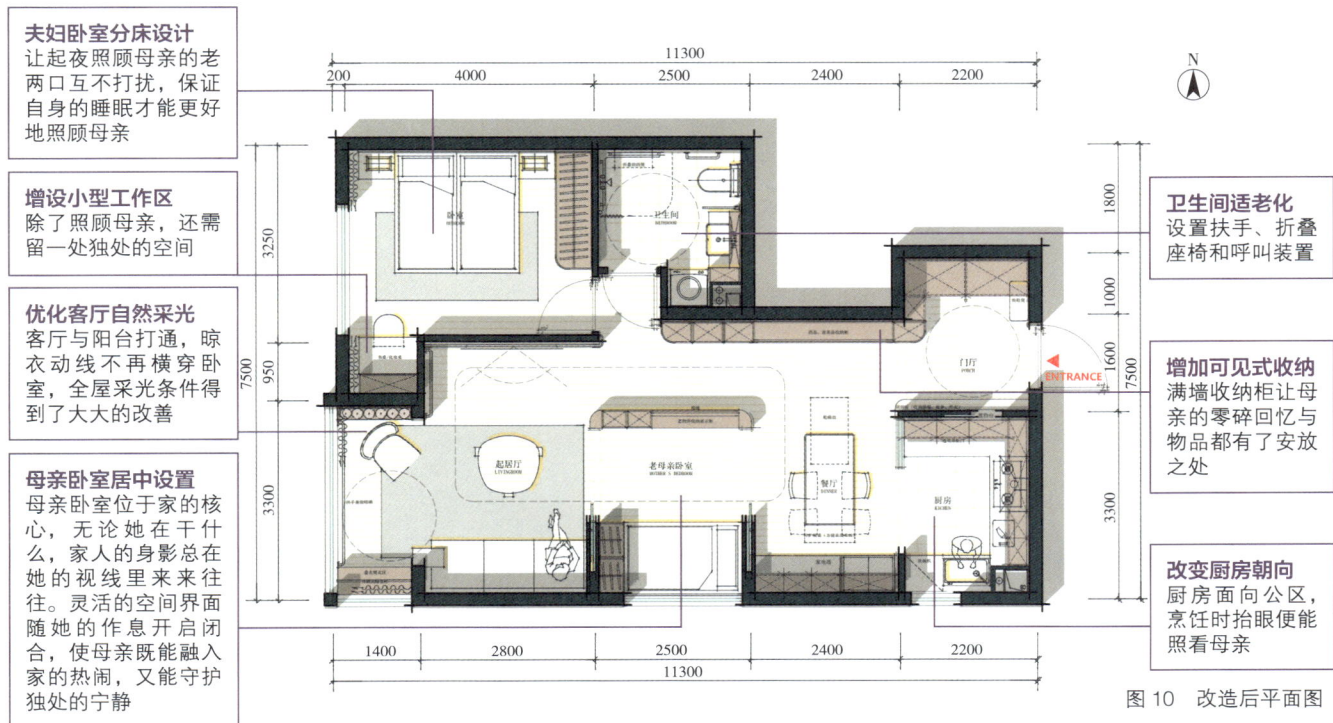

夫妇卧室分床设计
让起夜照顾母亲的老两口互不打扰，保证自身的睡眠才能更好地照顾母亲

增设小型工作区
除了照顾母亲，还需留一处独处的空间

优化客厅自然采光
客厅与阳台打通，晾衣动线不再横穿卧室，全屋采光条件得到了大大的改善

母亲卧室居中设置
母亲卧室位于家的核心，无论她在干什么，家人的身影总在她的视线里来来往往。灵活的空间界面随她的作息开启闭合，使母亲既能融入家的热闹，又能守护独处的宁静

卫生间适老化
设置扶手、折叠座椅和呼叫装置

增加可见式收纳
满墙收纳柜让母亲的零碎回忆与物品都有了安放之处

改变厨房朝向
厨房面向公区，烹饪时抬眼便能照看母亲

图 10　改造后平面图

▶ 母亲卧室的三核心

1. 动线核心

老母亲卧室轻松连接每个生活角落，关怀无处不在。

2. 视线核心

推拉门轻启，母亲卧室融入公区，无论子女在厨房做饭，或是在客厅休憩，家人抬眼便能照看她（图11）。

3. 功能核心

母亲的一天，围绕着核心空间展开。作息虽如碎片般零散，但所有功能空间紧密环绕，让子女的照护也更加轻松和安心（图12）。

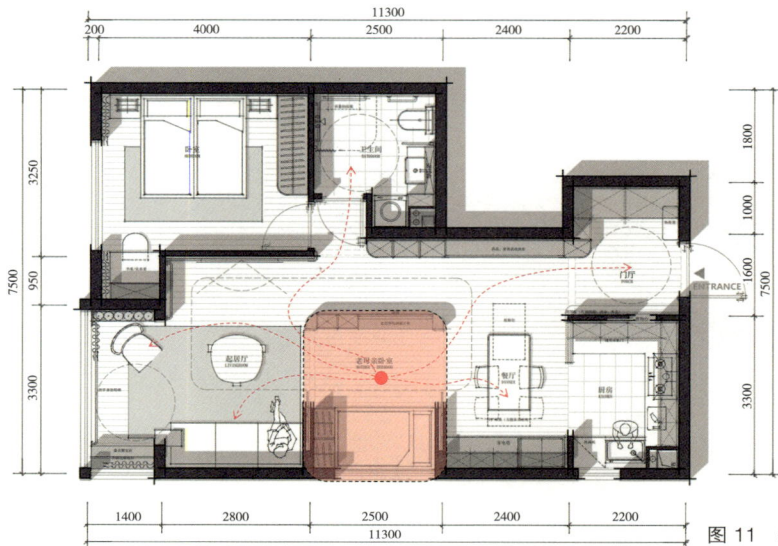

图 11　动线及视线核心

6：00吃药　满墙收纳柜，便于放置各种药品

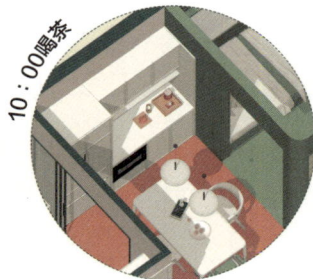

10：00喝茶　餐边柜，便于母亲喝茶冲奶

15：00聊天　在客厅聊天也能看到母亲状态

点评

有些人可能认为老母亲的房间过于开敞，成为穿行空间，私密性不好，但对于患有阿尔兹海默症的老人来说，更需要的是与家人互动所带来的安心，家人也需要及时看到她、帮到她。因此，此处的私密性要求就会让位于开敞性了。

17：00看做饭　躺在床上也可以看到在厨房的女儿

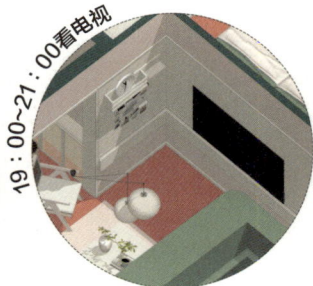

19：00~21：00看电视　母亲专属座椅，可舒适地看电视

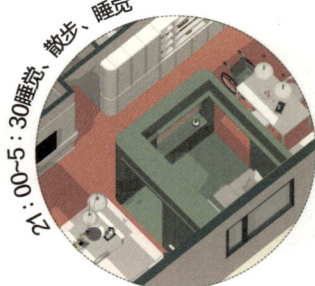

21：00~5：30睡觉、散步、睡觉　开敞状态，室内也可以散步

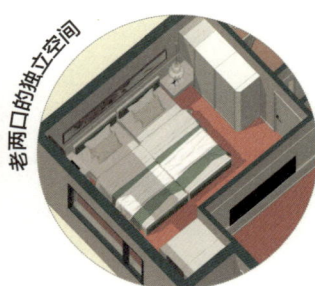

老两口的独立空间　照顾好自己，才可以照顾好母亲

图 12　全家一天的生活围绕母亲的卧室展开

▶ 核心空间

我们希望母亲的卧室可以根据她不同的状态可开可合。可以是一个独立的卧室，也可以成为公区的一部分。在未来，老人离世后，也不会成为家里的鸡肋空间（图13～图15）。

点评

空间视线通透，又可形成回游动线，将来还方便改变为其他功能，非常实用。
建议老人的床边还要加个床头柜。

1. 可开

观察窗及时观察老人状态，休息通过窗帘遮蔽。

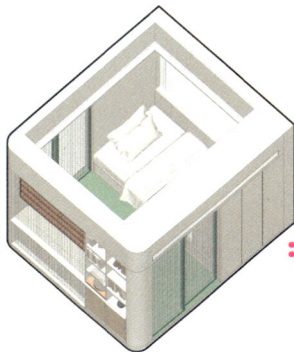

2. 可合

玻璃门收起，变为可回游的公共空间，增加公区舒适度。

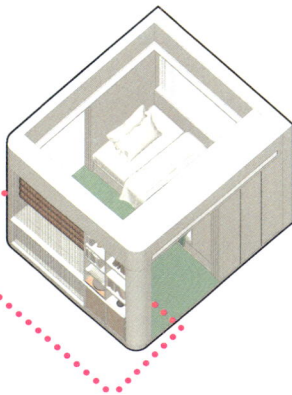

3. 可调

老人离世后，可改为老两口的书房，空间灵活可变。

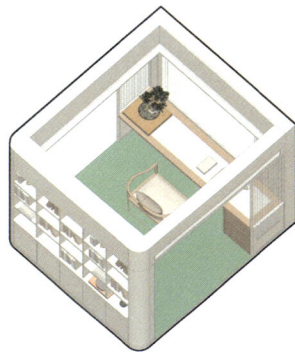

图 13　核心空间三种可变模式

图 14　从餐厅看母亲卧室

图 15　从客厅看母亲卧室

图 16　公区立面展开图——朝向客餐厅方向

图 17　公区立面展开图——朝向满墙收纳柜方向

门厅储藏间

①放大门厅空间，既能满足轮椅自由回转，又能轻松收纳买菜车、轮椅等常用物品；

②在门口设置了备忘墙，方便女儿随手记录老人作息情况及注意事项；

③功能上，合理地规划挂衣区、鞋柜、换鞋凳，让老人更衣换鞋省力又舒适；

④沿墙设置收纳柜，部分明格用于存放常用药品，方便老人随时拿取；同时摆放一些老物件，满足老人内心的情感需求（图 16～图 18）。

图 18　入户门厅

防眩光光源

上翻式洗碗机 减少弯腰

深色餐椅防磕碰

图 19　餐厅

餐厅

　　餐厅紧邻厨房和母亲卧室，动线流畅。改造时，在餐厅增加了餐边柜，方便子女为母亲准备药品和营养品。餐椅选用深色靠背，与地面形成颜色对比，便于患有认知症的母亲识别座椅（图19）。

母亲卧室

　　我们在床边增加了助力扶手，沿墙面也设置了延长台面，方便母亲起身、步行的时候借力撑扶。墙面挂上日历，方便母亲随时观察日期，让老人家在心里多一份安宁（图20）。

大字日历

台面助力

床边助力扶手

图 20　母亲卧室

轻质挂画

晾衣杆

钟表墙

边几，方便拿取

深色茶几防磕碰

客厅

与阳台相邻，方便晾衣等活动。沙发扶手选用软包扶手，使用起来更舒适安全。沙发旁设置小边几，便于使用。茶几采用深色可移动茶几，与地面拉开色差，便于老人留意，减少磕碰（图21）。

图 21　客厅

轻质挂画

出风口避开床头

分床设计，保证更优质睡眠

助行床床尾

独立书桌

夫妇卧室

分床设置，避免老人作息不一样互相影响睡眠；高床尾的设置形成可助力扶手；轻质挂画装饰环境且保障安全；出风口避开床，保证舒适度；独立书桌的设置，为老两口保留自己的生活空间（图22）。

图 22　夫妇卧室

▶ 全屋扶手设计

除卫生间外，其他空间的扶手融入整体环境中，通过家具、柜体定制等方式，进行隐藏式设置，最大程度维护老人的自尊心（图24、图25）。

图23　收纳柜隐藏扶手节点

图24　电视墙隐藏扶手节点

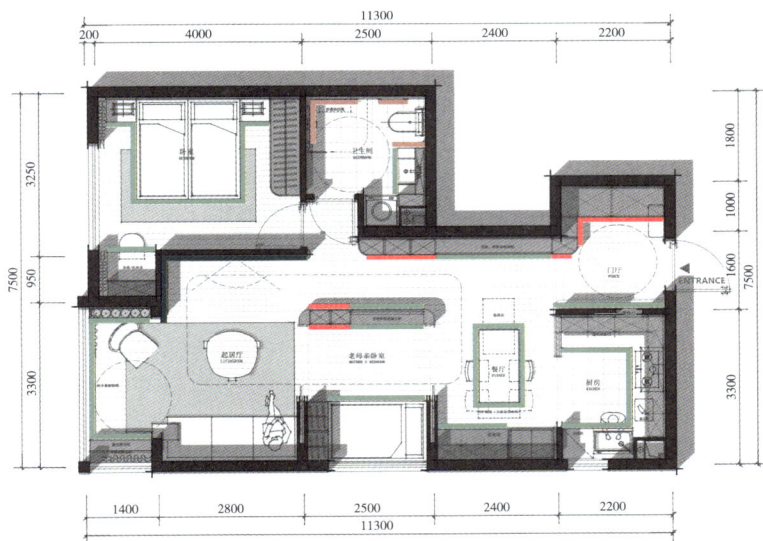

图25　不同类型扶手分析

—— 卫生间扶手　　—— 家具可助力　　—— 柜体设计凹槽充当扶手　　—— 护墙板凹槽充当扶手

点评
一般情况下，在老人家中设计很多连续的行进扶手并不是最重要的，可能更应该针对老人有困难时的具体动作设置相关扶手，如从坐便器、换鞋凳上起身、从沙发上起坐时需要的扶手等。

评委点评

本户是一个"老老相护"家庭的典型代表，患有认知症的老母亲已85岁，而照顾她的两位子女也已在65岁以上。设计师在改造设计的过程中，不仅注重关怀老母亲的生活需求，而且也极为细致地考虑了两位家人作为照护者的需求。

设计中，设计师打破常规住宅设计思维，将认知症老人的卧室作为全家的核心，进行了居中布置。这一创新布局使得全家视线通透、动线便捷，极大地方便了家人对认知症老人的日常照顾，也确保了老人能时时看到家人而感到放心和安心。

该设计细节丰富，从家具选择到设施设备选型，无不透露出设计师对认知症老人病症特点、生活习惯的理解和尊重。例如全屋空间内考虑扶手设计，并且尽量注意采用家具柜体、护墙板等将扶手隐藏，从而维护了老年人的自尊心。此外，该作品图面清晰美观，设计师对其设计理念与改造效果进行了巧妙而直观地表达。

——中国工程院院士、全国勘察设计大师　马国馨

设计者：赵彤山、朱世章　指导者：张彧
单　位：东南大学建筑学院

无限之家
——帕金森老人住宅

扫描观看视频

▶ 家庭成员

乐观的爷爷

80岁，帕金森病导致爷爷行动与平衡力差，走路只能迈小碎步，需轮椅辅助。爷爷性格开朗，喜欢在家里走动，积极分担家务事。

念旧的奶奶

80岁，患心脏病需定期服药，身体较硬朗，喜欢收藏旧物件。

患精神疾病的大女儿

55岁，患有精神疾病，性格较孤僻。

健康的小女儿

52岁，在高校当老师，健康。

图1　居住者分析

▶ 居住问题

1. 缺少电梯入户难；
2. 户型受限空间小；
3. 通风采光需提升。

▶ 改造需求

1. 增设储藏，提升空间效率；
2. 增设电梯，方便老人上楼；
3. 增加门厅，重塑入口空间；
4. 消除高差，确保安全通行；
5. 打通空间加强交流互助。

空间狭小难利用，
布局杂乱易积水

南厅、北卧通风弱，
活动空间阻碍多

卧室空间侵占多，
轮椅通行困难重

图2　现状户型：132m² 丛室两厅两卫

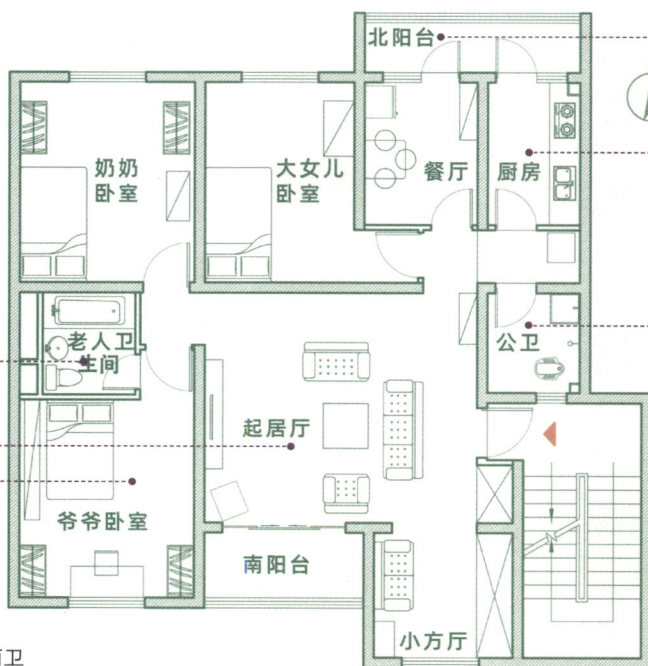

北阳台　奶奶卧室　大女儿卧室　餐厅　厨房　老人卫生间　起居厅　爷爷卧室　南阳台　公卫　小方厅　N

阳台较浅杂物堆，
难晾衣物难种花

厨房狭小台面少，
没有位置放冰箱

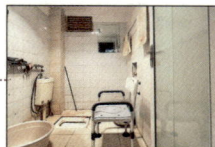

厕所蹲便难利用，
缺少独立洗手池

► 改动室内格局提升室内性能

通过重塑入户动线、功能空间调整、墙体局部开洞、墙体局部缩短等手段调整室内空间，以获得室内在动线、视线、采光通风等方面的提升（图3～图5）。

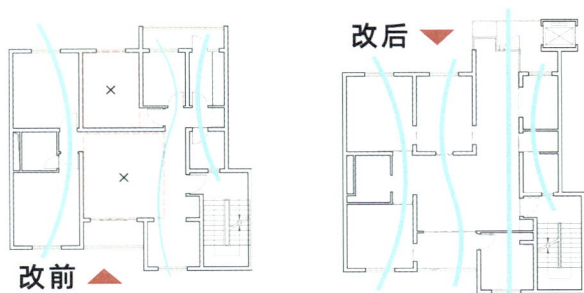

改后▼

改前▲

图3 起居厅、北卧室通风性能得到加强

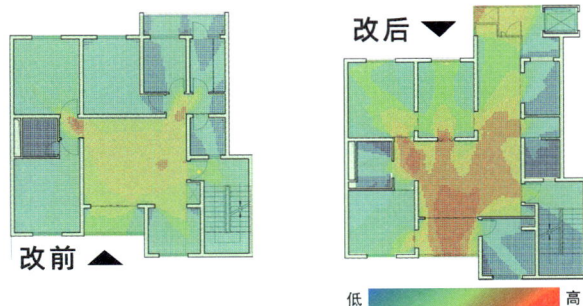

改后▼

改前▲

低 ■■■■■ 高

图4 视线通畅性有效提升（Depthmap软件）

功能变更：
原北侧卧室替换为功能可变的书房，南侧原方厅作为大女儿卧室，获得更好的采光

墙体缩短：
缩短起居厅和餐厅之间的部分墙体，进一步增强餐厅和起居厅的关系；
缩短西侧老人卫生间门前墙体，可减少绕行，乘轮椅时也方便使用

阳台扩充：
改变布局扩大阳台进深，便于种植花草，晾晒衣物等

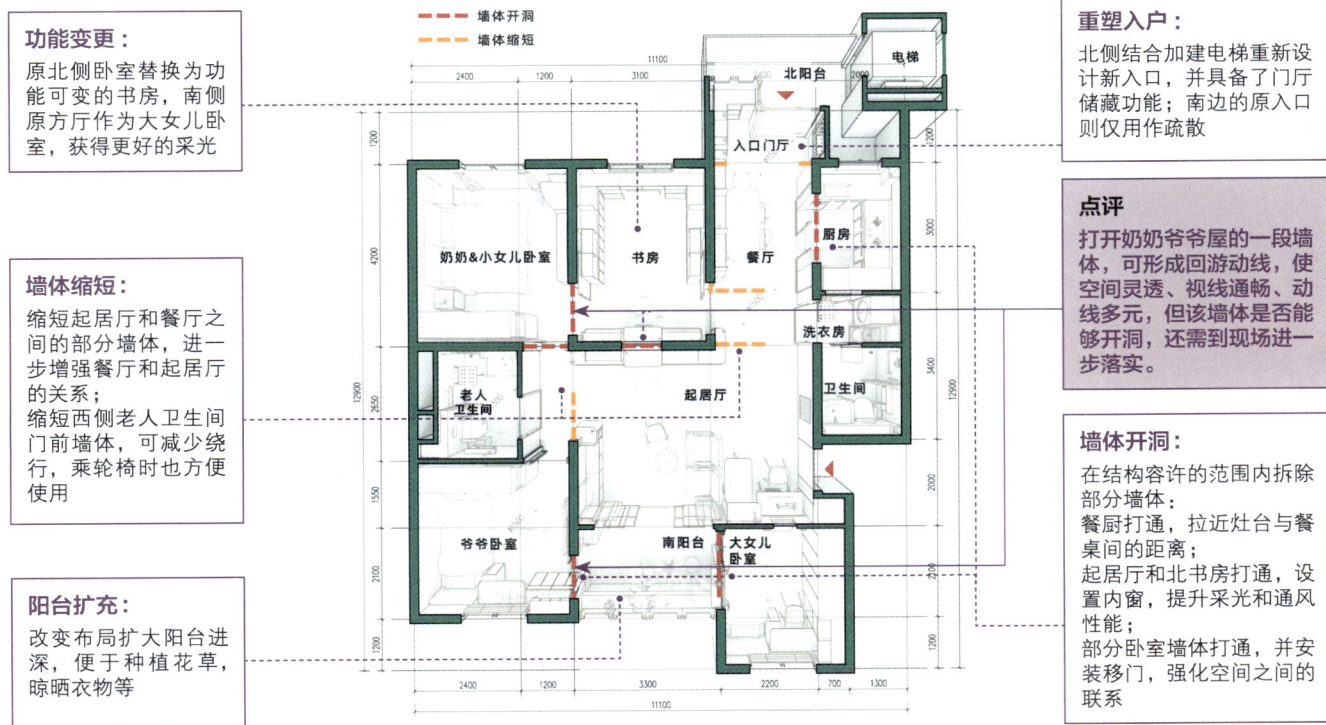

墙体开洞
墙体缩短

电梯

北阳台

入口门厅

厨房

奶奶&小女儿卧室　书房　餐厅

洗衣房

老人卫生间

起居厅

卫生间

爷爷卧室　南阳台　大女儿卧室

重塑入户：
北侧结合加建电梯重新设计新入口，并具备了门厅储藏功能；南边的原入口则仅用作疏散

点评
打开奶奶爷爷屋的一段墙体，可形成回游动线，使空间灵透、视线通畅、动线多元，但该墙体是否能够开洞，还需到现场进一步落实。

墙体开洞：
在结构容许的范围内拆除部分墙体；
餐厨打通，拉近灶台与餐桌间的距离；
起居厅和北书房打通，设置内窗，提升采光和通风性能；
部分卧室墙体打通，并安装移门，强化空间之间的联系

图5 改造后平面分析

▶ 关键词一：守望

指家人之间视线上的互相照看和行动上的互相帮助（图6）。

通过墙体改动形成视线通道，便于互相照看。

通过房间之间连接方式的设计，支持家人间行动上的互相帮助（图7）。

图6　方便照看的视线通道

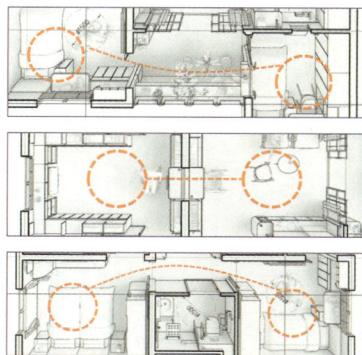

图7　房间通过多种方式连接

父女卧室间通过阳台连接，形成交流场所

书房与客厅通过设置内窗连接，可以交流或传递物品

父亲母亲的卧室就近连接，方便互相照顾

▶ 关键词二：身体

观察老人在空间中行走、坐下、吃饭、看电视等行为时的身体状态，得到最适合老人使用的台面、扶手、座椅高度以及其他细部设计关注要点（图8）。

图8　通过观察老人的日常行为，结合老人的身体尺度进行细部设计

▶ 关键词三：回游

构建多条回游动线，方便轮椅行动的同时也满足了每个家庭成员的需求（图9）。

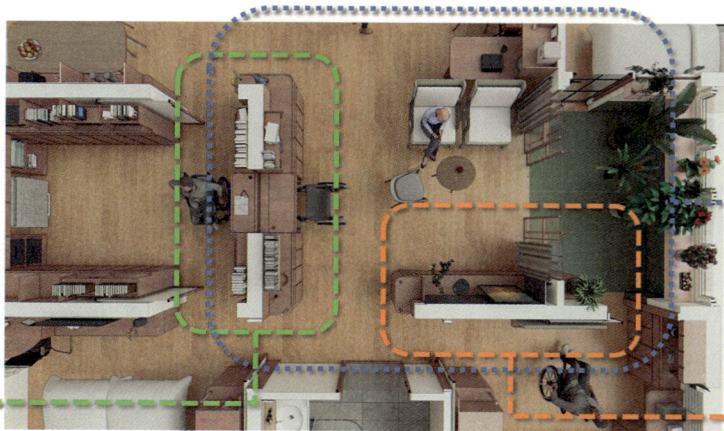

大女儿缓解精神焦虑需要散步

奶奶打扫房间的动线最短

爷爷可以绕圈锻炼行走能力

图9　不同家庭成员对回游动线的需求

▶ 关键词四：整合

从建筑空间设计、室内装修设计、家具软装设计三个维度综合考量，提高空间利用效率的同时让房子变得更好用。

例如，将餐桌、餐边柜、鞋柜进行整合设计，餐边柜台面与餐桌平齐，餐椅可兼作换鞋凳（图10）。

图 10　整合就餐区和换鞋区

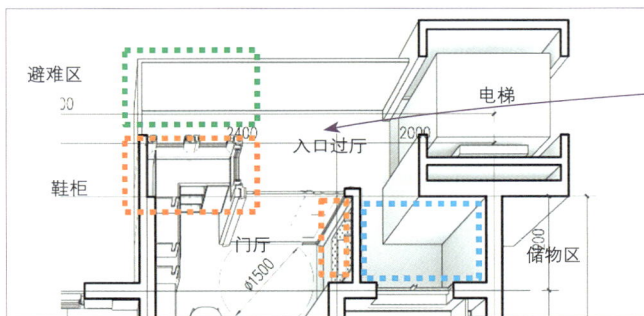

又例如，结合小区加建电梯整合自家入口区域的多种功能，室外留出避难区、储物区，室内留出鞋柜、置物区、轮椅回转空间（图11）。

点评

结合新增的电梯厅，将入口过厅和门厅空间组合起来综合利用，使此处功能十分强大。

图 11　整合后的入口区域

▶ 关键词五：适变

通过移门、可变家具的变化，形成空间的不同使用模式，来适应变化中的使用需求（图12）。

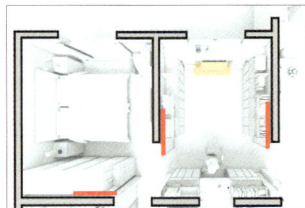

书房平时打开移门、收起折叠床，作为家庭公共空间

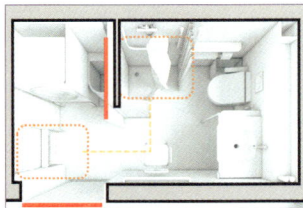

卫生间内门开启、外门关闭，形成更衣淋浴一体的浴室

阳台平时推拉门打开，方便轮椅通行

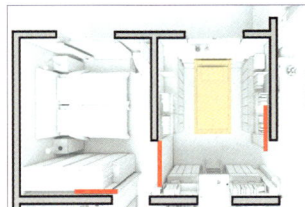

图 12　住宅空间的不同使用模式示意图

家里来客人时移门封闭，打开折叠床，作为临时卧室

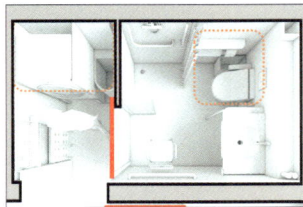

外门开启、内门关闭，家务区和坐便器可以同时使用

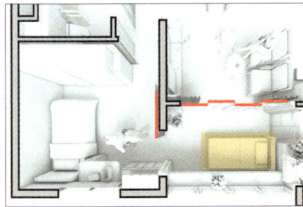

推拉门关闭，阳台可以改造为保姆间，就近照顾老人

▶ 厨房设计分析

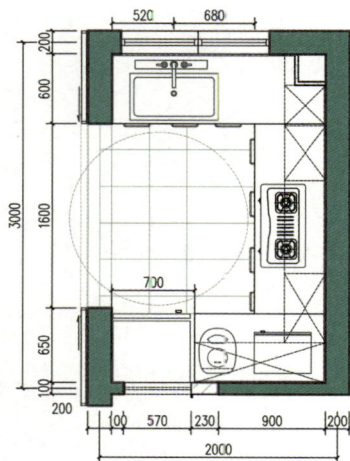

图 13　厨房平面图

封闭原有的门洞作为冰箱位，上部开设带孔亮窗，保留了部分通风采光性能

图 14　改造后厨房有了冰箱位

柜台采用高低台样式，水池、切菜部分台面升高，减少老人弯腰；采用开放式，设置中部柜，高柜利用透明柜门增加可视性，把手标记开启方向

图 15　宽阔的 U 形台面提供了更大操作空间

▶ 公卫和洗衣间设计分析

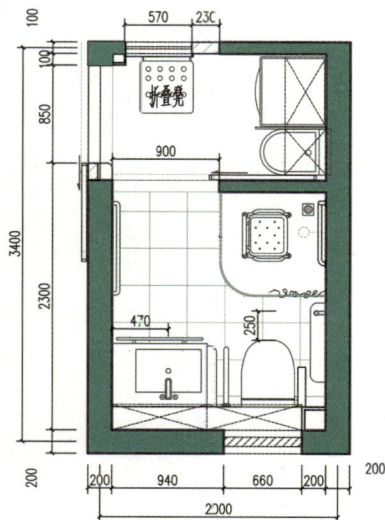

原厨房与洗衣间之间的门洞填充后作为置物架使用，下部安装折叠凳亦可作为临时置物台

图 16　公卫和洗衣间平面图

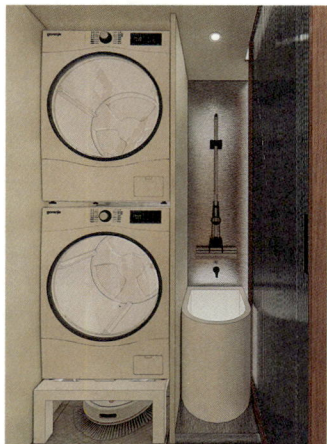

设置洗烘分体式洗衣机，旁边放置洗澡池

图 17　集成多类设施的墙面

公共卫生间台盆下部留空以容膝容脚；墙壁增设镜柜、置物台、毛巾架等设施

图 18　公卫设施的焕新升级

▶ **主卧室设计分析**

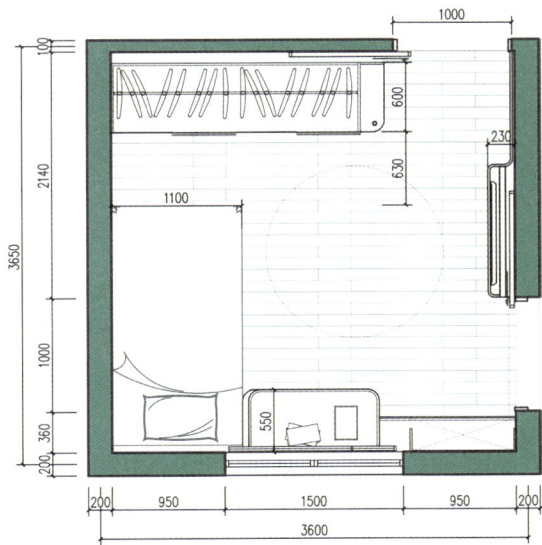

图 19　爷爷的卧室平面图

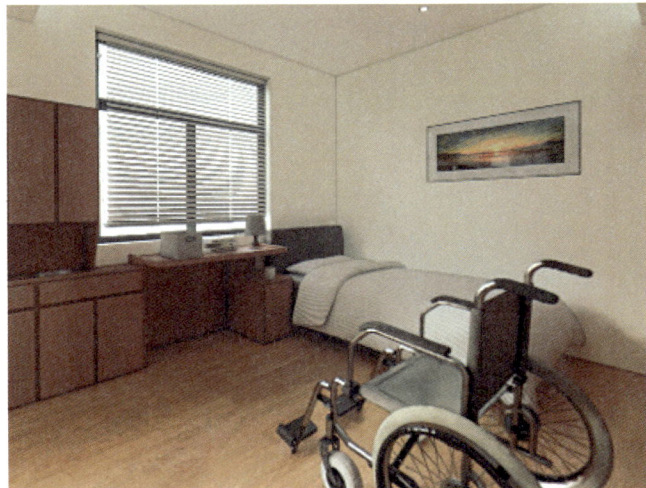

利用弧形扶手、矮柜形成连续抓扶设施；桌下留空以容纳轮椅；扩充储藏柜数量，另外设置多个置物台便于拿取物品

图 20　爷爷卧室内空间宽敞便于轮椅活动

▶ **老人卫生间设计分析**

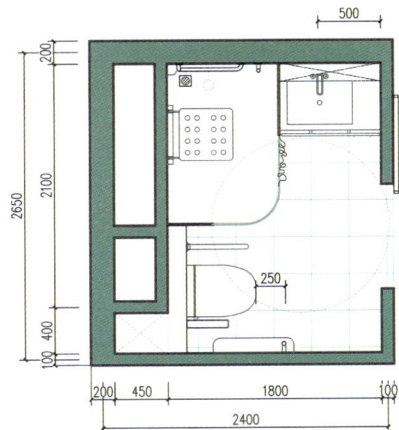

图 21　老人卫生间平面图

移动隔墙位置扩充卫生间面积，并增加置物台；采用智能坐便器，并在两侧设置扶手；淋浴间增设浴凳

图 22　浴缸改为淋浴间便于为老人助浴

▶ 空间连通设计分析

客厅与餐厅

客厅与餐厅形成连续的家庭公共空间并留出轮椅通道（图23）。在两个空间之间结合老缝纫机和其他老物件设置了一个充满回忆的工作台面。

图23 从客厅到餐厅，宽敞的轮椅通道

点评

家务工作台上有通向姐姐卧室的小窗，使家人之间能够形成互动对话的场景，好温馨的画面！

客厅与阳台

客厅使用软膜吊顶提供均匀的光线。开大阳台门使阳台室外般的空间氛围延续至室内（图24）。

图24 软膜吊顶提供均匀的光线

书房

书房两端通过移门连通两侧房间，形成了"卧室—书房—餐厅—卫生间"的连续空间（图25）。

图25 打开的移门与连通的房间

主要起居空间

图 26　从餐厅看向工作台

图 27　从工作台看向客厅

图 28　客厅与书房间的回游空间

回游动线串联起客厅、餐厅、书房等主要空间，并围绕回游路线设置储物和可充当扶手的连续台面

客厅餐厅之间设置水吧台，方便老人日常喝水；家具转角做弧形设计避免磕碰

点评
此处的斜向板如若取消，会使得转角处的空间更加通透。

评委点评

　　仔细阅读该作品可以体会到，学生们在设计之初对帕金森老人及其家庭进行过深入的了解和调研，并且致力于将"无限之家"的理念落实在作品中。

　　该作品套内空间视线贯通，回游动线设计出色，中部的柜体墙使空间既有流通性，又有丰富的层次感。灵活、可变的空间为满足老年人的护理需求做好了准备；在全家人生活分区的设计上，保证了每个人都有相对独立的生活区域，有效减少了不同代际之间的相互打扰，并且在中部留有家庭成员互动的空间。

　　在图纸表达上，该作品丰富、细腻，每一个空间的适老化设计细节都清晰可见，从中体现出了学生们对老年人生活质量的关注，以及严谨、积极的学习态度。

　　　　　　　　　　　　　　　——中国工程院院士、全国工程勘察设计大师　马国馨

二等奖

设计者：贺友直
单　位：重庆山止川行文化传播有限公司

老年活力　当然可以
——为 70+ 岁父母设计的活力养老房

扫描观看视频

我是设计师
贺友直

今年 38 岁
我是家里的独生女
这是我为 70+ 岁父母
设计的居家养老房

图 1　设计师

前年妈妈生了一场大病。在陪伴她治疗康复时，我忽然意识到在我心中还很年轻的父母竟已七旬，于是当机立断，为他们改造重建居所。

儿时他们陪我长大，如今我为他们筑巢养老。为余生的每一天，愿能以空间疗愈时间。

爸爸是绝对的 "I 人"
专注自我，常年与书为伴
退休后依然博览群书关心世界
内在世界充实丰富
是动手能力超强的老一辈父亲
70 岁还在骑摩托车
还要玩平衡车
他说
没觉得自己是老人

妈妈是典型的 "E 人"
退休后开始学钢琴参加合唱团
和老姐妹们聚会旅游
常感叹生活太丰富
后悔没早点退休
68 岁那年大病康复后
依然乐观积极
她说
每一天都要活得尽兴

父亲 72 岁　母亲 70 岁

图 2　父与母

▶ **改造前：2010 年代开发商精装房，套内面积 82m²**

图 3　改造前客厅

图 4　改造前餐厅

图 5　改造前卫生间

我认为：家如其人，老人的家也应该表现他们的个性

　　人们变老会遵循共同的生理规律，但每个人步入老年的方式都是独一无二的。适老化居家改造设计除了满足老人生理需求之外，更应该满足老人的安定感、归属感、效能感、幸福感等心理需求。我希望，父母的家"像他们自己"。

　　为了更准确地表达此意，我为他们做了色彩测试（图6~图8）。

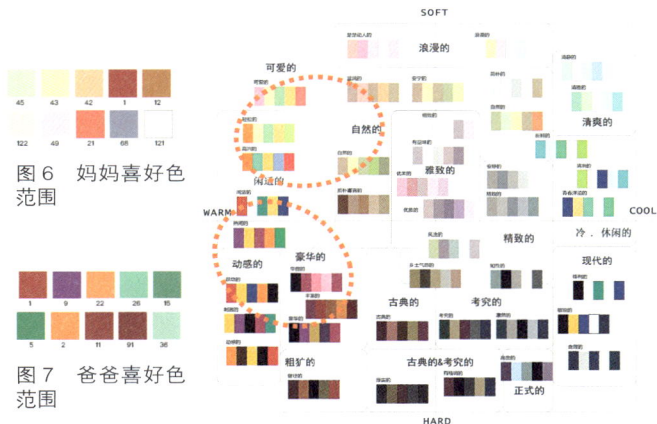

图6　妈妈喜好色范围

图7　爸爸喜好色范围

图8　色彩印象坐标

生理性 普遍性 ← 老人 → 心理性 个性

综合关键词：

丰富　温暖　充实　融合

改造后 ▼ ▶

图9　改造后客厅

图10　改造后厨房

图11　改造后餐厅

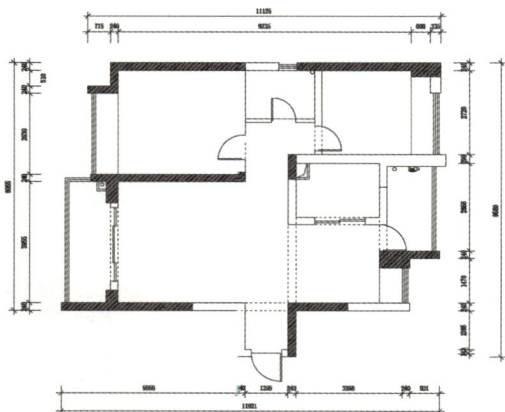

图 12　原始平面图

图 13　改造后平面布局图

常回家吃饭！

1200mm 超宽 "家务岛"

爸妈家的 "新中心"

　　"回家吃饭"是我对家最主要的情感记忆，父母家的中心毫无疑问是餐厨空间。

　　我将原餐厅、厨房、生活阳台隔墙拆除，将整个餐厨空间连为一体。以连接橱柜的1200mm 超宽岛台为操作中心，集合烹饪、洗衣、家政、收纳等设计功能为一体（图12～图15）。

　　将厨房水槽面对窗，窗外一棵栾树四季景色不同；楼下是小区幼儿园，孩子们欢声笑语生机勃勃。让老人与外界有生命力的环境连接有益他们的身心健康（图16）。

　　餐厨一体围合圆桌，是家中最具向心力的空间，一家人一起吃饭，烟火气十足爱意满满（图17～图19）。

图 14　厨房家务岛

超宽台面用途多

同时洗衣又做饭
动线极短好方便

高低台备菜

洗碗机
垃圾处理器
净水器

洞洞板
挂工具

洗烘套装

图 15　家务岛功能

窗前景美心情美

窗外四季景不同
儿童欢语意蓬勃

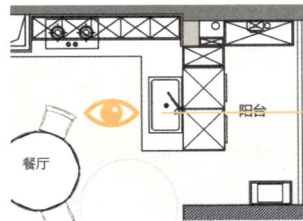

餐厅

阳台

听到娃娃声音
我就高兴！

图 16　厨房窗景

圆桌围合好幸福

家的中心在餐厅，温暖烟火心满足

图 17　餐厨空间

图 18　温馨晚餐

餐厅

有妈妈做的饭
就有家的感觉！

图 19　以餐厅为中心的烹饪空间

二老的家
要隐私，
更要**安全**！

图 20　视线与声音通达平面布局示意图

隐私与安全

全屋仅在必要之处——卧室和卫生间设置室内门，且不做门锁。其余空间全部打通一体，尽量减少通行障碍（图 20 ~ 图 22）。

卫生间滑移门不装锁，卧室门边留窗洞，必要时可从外面打开门（图 23 ~ 图 25）。

图 21　卫生间门

图 22　卧室门及窗洞

点评

因只有两个老人在家生活，设计师很好地平衡了老人家庭私密需求与安全照护的关系。通过卧室门留小窗、公共空间尽量开敞的手法，使视线、声音通达，保证老两口的日常交流和相互照看。

图 23　从卫生间到客餐厅

图 24　从卧室到书房

图 25　从卧室到客餐厅

卫浴防滑

占用房间面积拓宽卫生间

图26 卫生间拓宽淋浴房

原卫生间狭窄，不利于老人使用，因此，设计中占用了部分房间面积拓宽淋浴房。并做平地面减少跌倒风险（图26）。

为保证卫浴防滑，应尽可能使地面快速干燥，除了吊顶之外，在卫浴柜底部加装暖风机，可最快速吹干地面，并能在夜间如厕时保持脚部温暖（图27）。

点评

加装暖风机，快速吹干地面的做法，在潮湿的地区对老人家庭真是非常有用！

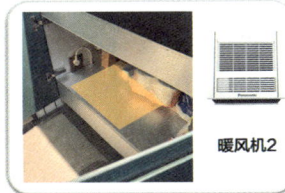

暖风机2

暖风机1

图27 卫生间暖风机

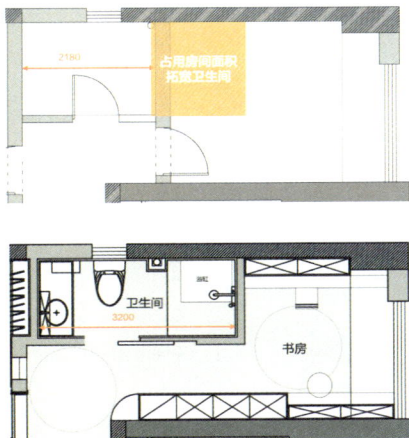

为未来做预留

老龄化发展阶段：全自理——半自理——全护理

目前父母处于全自理阶段，考虑到未来的发展，为空间预留了改变的可能性。如：卧室床的不同种布局方式，走廊用弧形柜造型为轮椅回转防撞预留好空间（图28、图29）。

浴缸对爸爸有重要的象征意义，是必须要有的。考虑到未来，我选择可移动的浴缸，方便以后可以直接搬走，或改为放置淋浴凳，使空间宽阔方便辅助老人洗浴（图30、图31）。

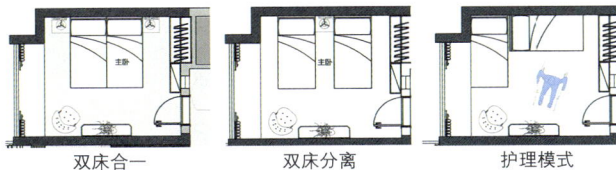

双床合一　　　　双床分离　　　　护理模式

图28 卧室床布局方式

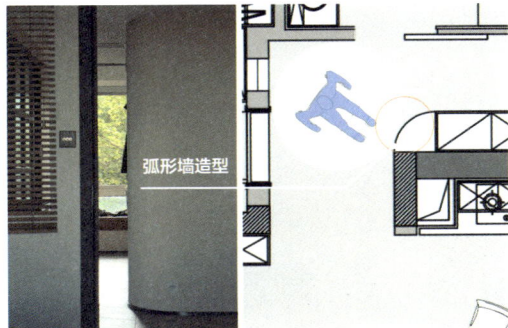

弧形墙造型

图29 弧形柜为轮椅回转预留空间

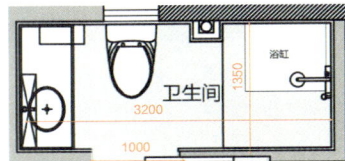

图30 卫生间尺寸

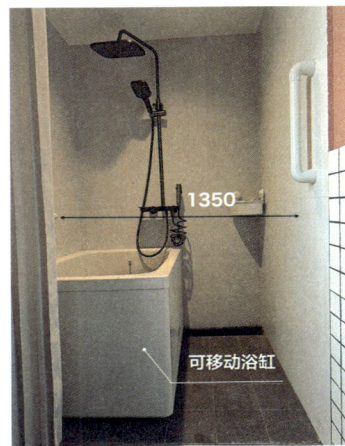

1350

可移动浴缸

图31 放浴缸的淋浴间

适老化设计的意义

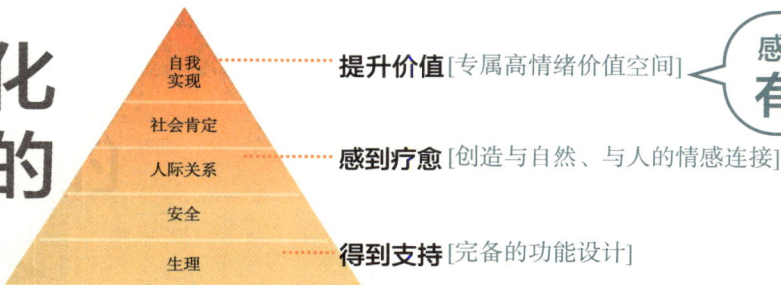

图 32　马斯洛需求三角

自我实现 —— **提升价值**[专属高情绪价值空间]

社会肯定

人际关系 —— **感到疗愈**[创造与自然、与人的情感连接]

安全

生理 —— **得到支持**[完备的功能设计]

> 感觉自己**有用！**

我认为：适老化设计与其他设计一样，核心目标是人
设计是为了使人在良好的环境中，有质量的度过有限的生命时间

　　人每一天都在变老，这是一个渐进的过程。居家"适老化"改造并不是要等到身体衰弱、需要借助辅具时才考虑。无论是处在人生的哪个阶段，我们的每一天都值得好好珍惜，用心度过。

　　很多老人在逐渐变老的过程中，即便身体还算健康，却常常要先面对"失去价值感"的心理危机。所以，我着重考虑如何放大父母的兴趣爱好，为他们分别打造专属空间，充分鼓励他们做自己喜欢的事。这样他们在与空间不断的互动中，能够体验到效能感和成就感，不断地收获到积极的情绪体验（图 32、图 33）。

> 不谈过去
> 不想未来
> 过好每一天！

> 老骥伏枥
> 志在千里
> 我还不老呢！

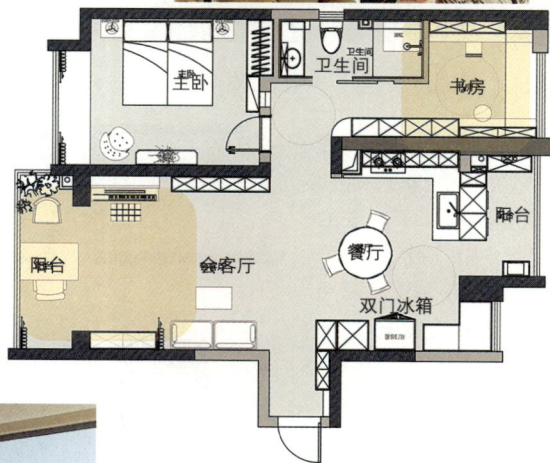

◀妈妈专属空间

　　弹琴、唱歌、打拳、练瑜伽、上网课、和朋友聚会，发展兴趣爱好让妈妈觉得自己很有价值（图 34、图 35）。

图 33　爸爸妈妈的专属空间

图 34　妈妈退休后学钢琴（左）
图 35　窗前阳光洒满（右）

爸爸专属空间▶

专属书房+独立工具台，读书写作、动手做东西。沉浸在自己的小世界，爸爸对自己很满意（图36）。

图36　爸爸专属空间

评委点评

　　该作品以满足老人的生理、心理需求为设计目的，充分考虑了老人的使用需求。作者作为女儿在做适老化室内设计时与父母充分沟通，尊重他们的个性，并根据父母不同的爱好分别设计出不同的活动空间。作品展现出许多适老化的细节设计，如精心设计的厨餐空间加强老人间的互动、无处不在的收纳空间，使家中整洁舒适。作品整体空间布局得当、色彩丰富，充满活力。

——全国工程勘察设计大师、中国建筑科技集团首席专家　李存东

设计者：孙雅珏
单　位：成都贾斯文化专播有限公司

半城云邸
——城市老人的高品质养老宅

▶ 居住需求分析及设计重点

　　两位老人已年过七旬，却从未住过新房，这间返迁毛坯房满满承载着他们对新居生活的向往。这间房子同时也将伴随他们走过余生。因此，本次适老化设计既要满足当下老人提高生活品质的需求，又要考虑空间的灵活性，以应对未来可能遇到的情况（图1）。

	爷爷	奶奶	晚辈（独生女）
年龄	73	70	39
身高	170cm	154cm	166cm
体型	壮硕（105kg）	正常	正常
身体情况	心脏病（术后康复）	视弱	孕中
生活习惯	晚睡晚起，出门社交	早睡早起，宅家上网	偶尔留宿，晚睡晚起
家务分配	买菜/备菜/做饭	备菜/做饭/洗碗/洗衣	安排保洁人员定期上门

图1　业主夫妇在新家合影

　　设计主要出发点为降低老人日常家务强度、保障居家安全，以及营造舒适愉悦的宅家氛围。同时需要为未来变化预留调整空间，考虑增设常住人员（如晚辈、护工等）及添置老年护理设施的可能性。

▶ 原始条件概况

　　住宅位于29层，套内面积94m²。多数房间朝北，阳光稀缺，东北方向景观开阔，采光较好（图2）。

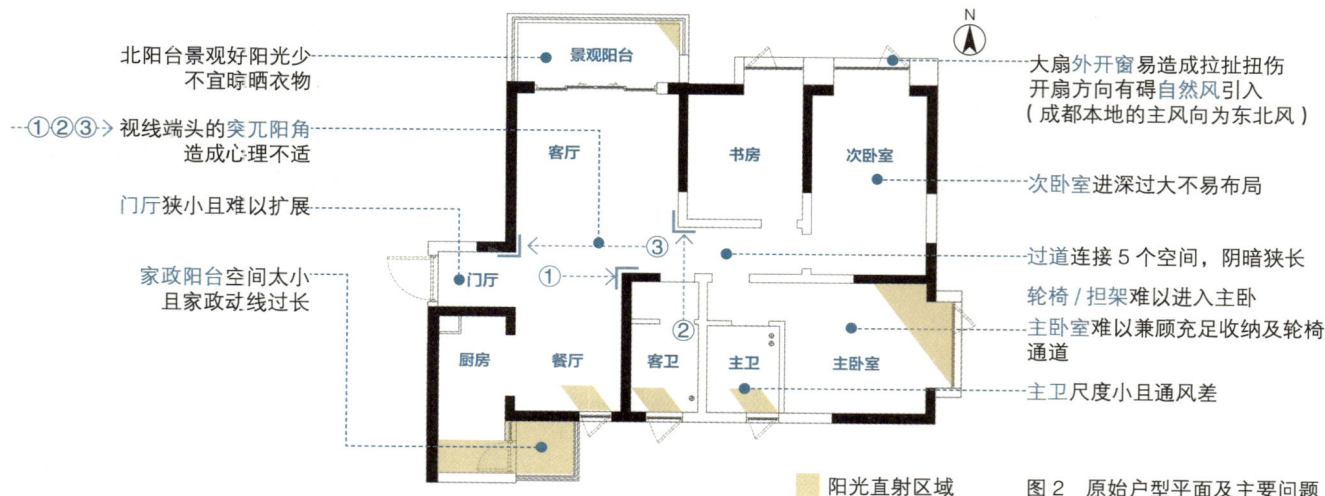

北阳台景观好阳光少
不宜晾晒衣物

①②③ 视线端头的突兀阳角
造成心理不适

门厅狭小且难以扩展

家政阳台空间太小
且家政动线过长

景观阳台

客厅

书房

次卧室

门厅

厨房　餐厅　客卫　主卫　主卧室

N

大扇外开窗易造成拉扯扭伤
开扇方向有碍自然风引入
（成都本地的主风向为东北风）

次卧室进深过大不易布局

过道连接5个空间，阴暗狭长

轮椅/担架难以进入主卧

主卧室难以兼顾充足收纳及轮椅通道

主卫尺度小且通风差

■ 阳光直射区域　　图2　原始户型平面及主要问题

图 3 借助独家使用的公区拓展门厅收纳

▶ 调整后平面

点评

设计师特别注意在平面中画出了窗的形式和开启方向（一般设计中这一点常被忽略）。这对于室内通风、家具摆放、窗扇开启的方便性都有很大影响，设计师有心了！

内开内倒系统窗改善自然风路，提升安全性也更节能；

室内功能紧凑的空间（如卫生间）调整外开窗方向并加限位器

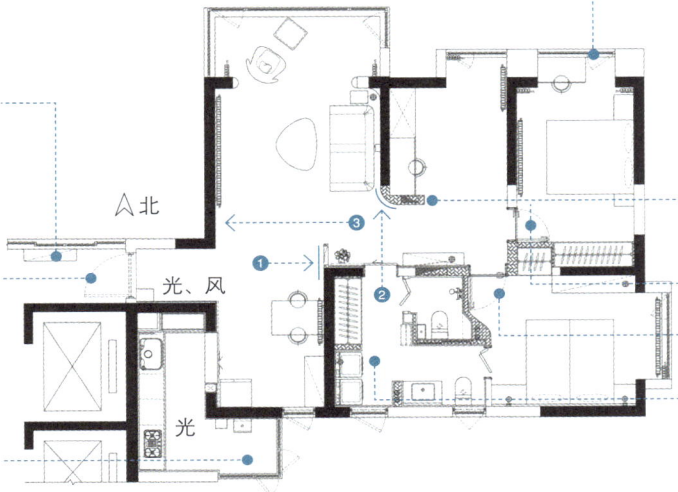

图 5 书房隔墙后退并缩短，拓宽过道并增加采光

北

光、风

户门外开，开口朝向外窗，以获得更明亮、更宽裕的体感及更好的通风采光

光

家政功能移至室内，厨房得到更多空间放置设备，也能够获得更好的采光条件

❶
❷
❸

调整次卧入口，创造 S 墙，增加主卧收纳并削减次卧室纵深

调整主卧入口，为轮椅／担架的通行预留充足空间

合并主客卫后添加家政功能，缩短家务动线

图 4 调整后户型平面图

通过以下 3 种方式消除通道端头的突兀阳角所带来的心理不适（图 6～图 8）：

❶延长端头墙面 ❷化直角为圆弧 ❸偏移通道视觉中轴线 ⋯⋯①➙ 原始视线中心 ⋯⋯❶➙ 调整后视线中心

图 6 原始门厅端头的阳角

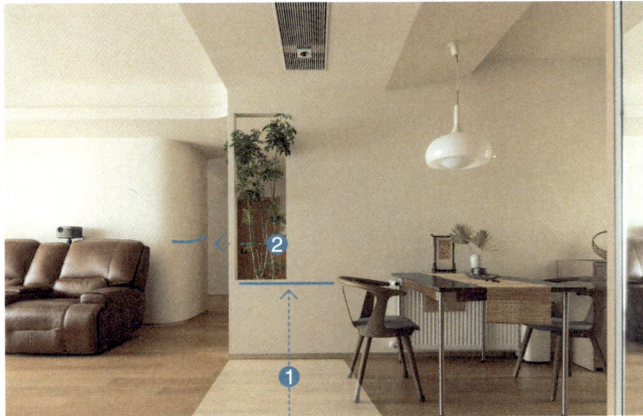

图 7 延长门厅对景墙面，圆弧处理卫生间对景墙，营造舒适视觉画面

图 8 中轴线偏移后不再正对阳角

▶ 门厅 – 客厅：通过门厅镜连通门厅与客厅视线

镜前灯带

门厅镜

手台抽屉

← ┈┈ 通往餐厅 / 厨房

图9　满墙门厅镜拓宽了狭窄门厅的体感

图10　取消晾衣功能，将客厅延伸至阳台，能够获得更好的空间体感和自然采光

镜前灯带

门厅镜

手台抽屉

通往客厅　　通往餐厅 / 厨房

通往门厅

点评

通过镜面反射可让老人坐在沙发上了解门厅进出的情况。镜面距地400mm 以下可改为其他防撞材质，避免轮椅或其他物品冲撞。

通过门厅镜看客厅沙发

图11　访客进门后站在门厅处，右手边是手台抽屉和可以反射出客厅的满墙门厅镜。沙发上的老人可以通过镜子掌握门厅动态并向来访者致意。镜子也为门厅引入来自客厅的光线

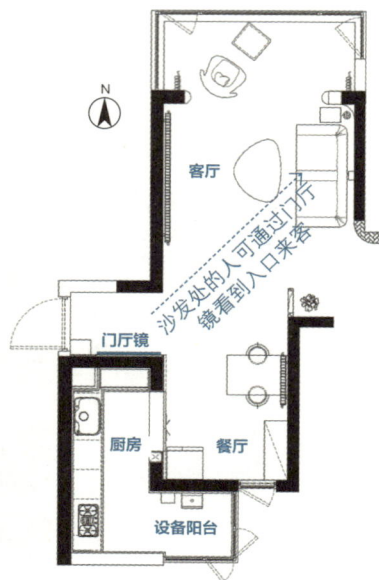

图12　门厅与客厅之间用镜子连通视线

▶ 餐厅－厨房：精细化设计降低家务强度

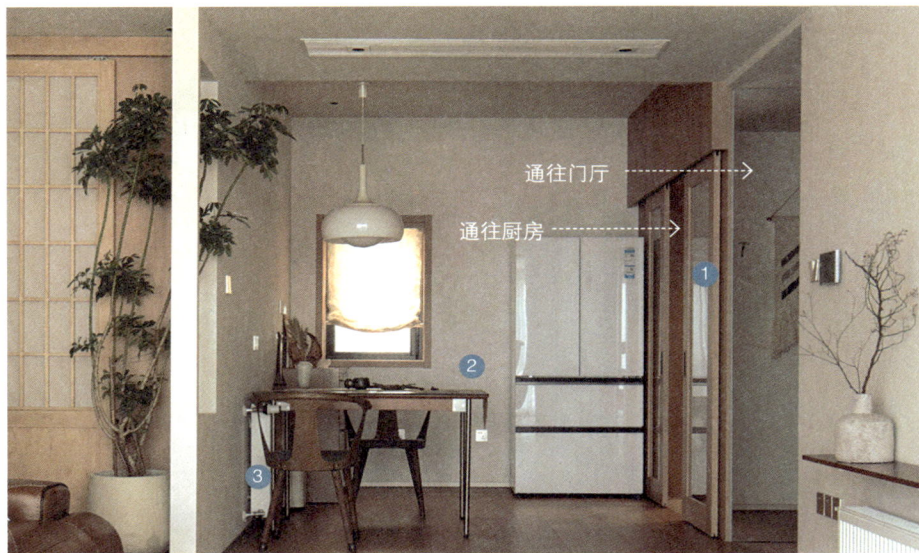

通往门厅 ----→

通往厨房 ----→

图 13　餐厅与厨房紧凑相邻，餐厨动线十分短捷

①厨房门设计为无地轨推拉门，大小扇装于门洞外，通行宽度扩大 1.2m；

②爷爷买菜回家可以马上卸下重物在餐桌上进行分拣，再分别放入冰箱或厨房；

③奶奶冬天喜欢用暖气片烤腿。

点评
考虑暖气片的位置，用于老人烤腿，真是好招，太懂老人了！

沥水下拉篮

调味下拉篮

高低台

通往设备阳台

图 14　洗菜盆设置在厨房入口方便洗手，打通设备阳台后灶台区的自然采光也得到提升

①感应水龙头不怕脏手操作；

②超大不锈钢水盆洗锅无压力；

③柜内为洗碗机预留水电和机位；

④轻松抽屉只需轻轻一勾就可以拉开满抽餐具；

⑤踢脚抽屉用脚踢开合，寻找物品时不用弯腰；

⑥台面照明灯带。

点评
精心选择厨房的各种先进设备，考虑了适老，方便好用！

▶ 双卫变身三合一套间

　　拆除卫生间及主卧部分墙体，将原主卫和客卫合并，在原降板下沉区范围内进行干湿分区，同时保留双坐便器，并加入洗衣、烘衣、晾晒功能，形成干区—浴室—家政区的三合一套间。家政区添置的壁橱在分散主卧室收纳压力的同时，也极致缩减了家政动线（图15～图17）。

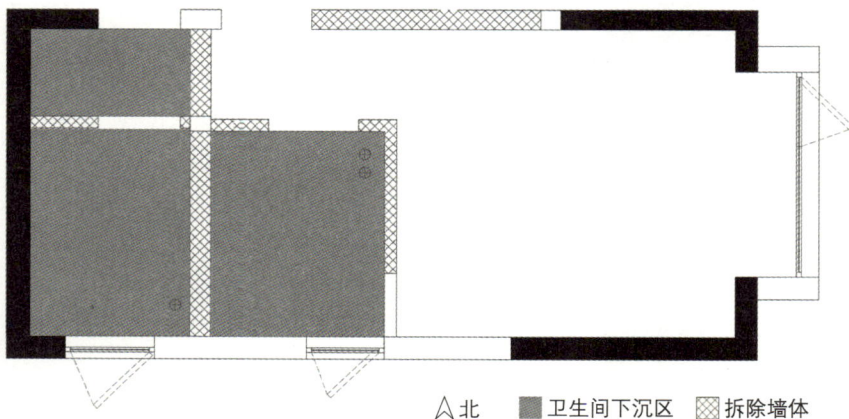

图15　主卫、客卫及主卧的原始平面图

北　■ 卫生间下沉区　▨ 拆除墙体

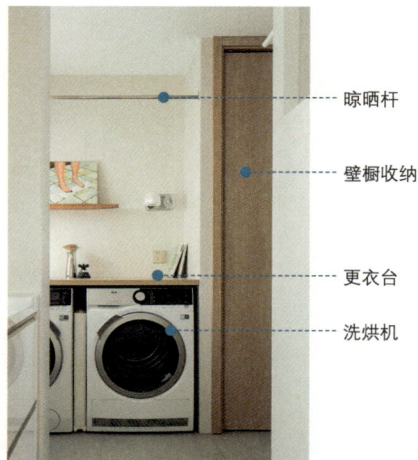

图17　一站式洗衣收纳

晾晒杆
壁橱收纳
更衣台
洗烘机

点评

因老人需要淋浴间里有一个坐便器，考虑到干湿应尽量有一些分开，条件允许时可将坐便器旋转90°，并改变门的位置在坐便器前方开门，以减少如厕后经过淋浴区脚下带水的情况。

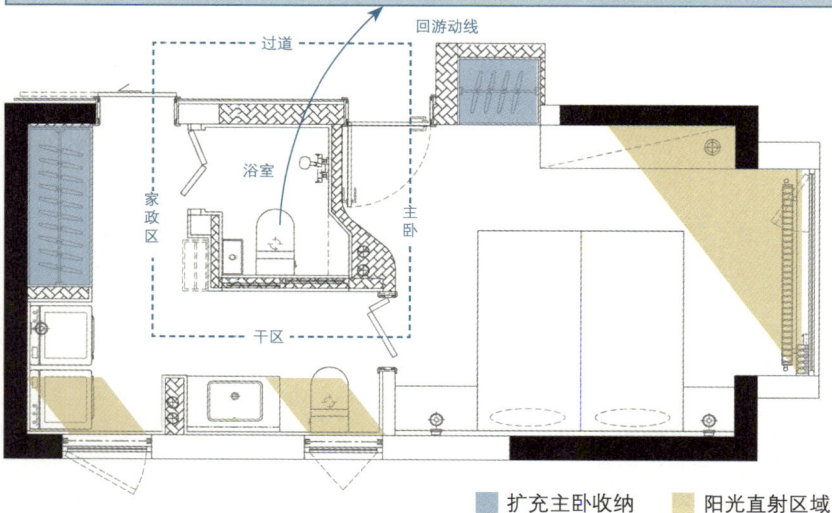

过道
回游动线
浴室
家政区
主卧
干区
扩充主卧收纳　阳光直射区域

图16　改造后的卫生间结合主卧形成灵活的回游动线

▶ 家政区洗衣动线说明

　　原有家政阳台动线远、空间小，客厅阳台缺少采光且悬挂衣物影响美观、阻挡窗外景观，都不适合衣物晾晒。

　　老人家愿意调整原有的生活方式，放弃传统的阳台晾晒，以烘干机、暖气片、暖风机为主要干衣方式，让自然风退为辅助手段。

　　主要的自然风晾晒空间规划在洗烘区上方，基于以下考量：

　　1. 浴室、洗漱池、洗衣机近在咫尺，动线便捷；

　　2. 这是全屋为数不多有阳光直射的区域；由客厅北阳台到这里的南窗之间的自然风路也十分通畅；

　　3. 关闭过道移门之后不影响客厅的视觉美观。

▶ 卫生间设计：满足个体化需求

老人对如厕关系的诉求：

以前只有一个马桶的时候总为了马桶圈怎么放吵架，能不能站着和坐着上厕所分开？

还有我们家客人虽然不多，还是希望能区分主客用的卫生间。

说起来怪不好意思的，人老了有时候正儿八经上厕所半天也出不来，但是一洗澡就来感觉了。

洗到一半出来上厕所多尴尬啊，又冷。浴室里要能带个厕所就好了。

痔疮是几十年的老毛病了，之前在老房子里女儿坚持给我换了卫洗丽，用上发现还真有用，再也没出过血。

新家的马桶也希望有这个热水洗屁股的功能。

老人对睡前洗浴和起夜的诉求：

冬天睡觉的时候要考虑节能，卧室外面的暖气片都要关掉，但又怕起夜受凉。

夏天洗完澡想把身体晾晾干再穿衣服，要是能回到卧室坐在床上穿衣服，然后就直接躺下睡了，那最好不过了。

我每天都要起夜，想离厕所近一点少走点路。而且我睡得晚，想尽量减少对她的影响，但我们不想分床睡。

解决方案

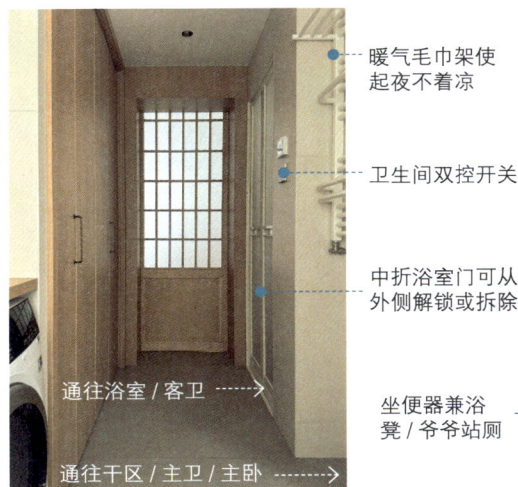

暖气毛巾架使起夜不着凉

卫生间双控开关

中折浴室门可从外侧解锁或拆除

通往浴室 / 客卫 ------>

通往干区 / 主卫 / 主卧 ------>

图 18　关上过道移门，卫生间与主卧室形成隐私套间，洗浴之后可以回到卧室再穿衣

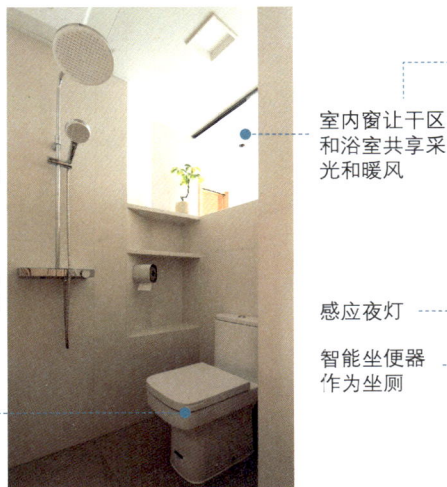

坐便器兼浴凳 / 爷爷站厕

图 19　浴室兼客卫

室内窗让干区和浴室共享采光和暖风

感应夜灯

智能坐便器作为坐厕

通往主卧（内设卫生间照明双控开关）

图 20　爷爷睡在靠近主卫一侧的床以降低晚睡、起夜对奶奶的影响

点评
小卫生间利用高窗间接采光通风，实用而又灵动！

▶ 一步到位预留隐藏性适老化设计

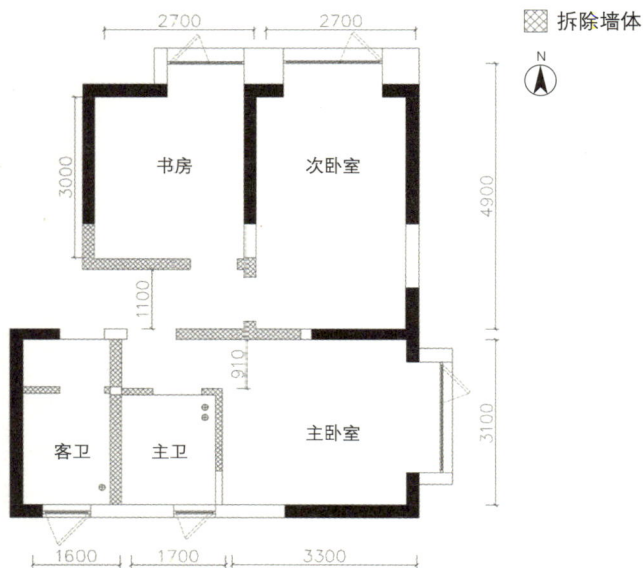

图 21　私区原始平面及主要尺寸

图 22　预留隐藏性适老化设计包括扶手安装点位、担架、轮椅通道空间，以及常住人口的添加预案等

拆除墙体

扶手点

轮椅模块

担架模块

图 23　开放式书房拓宽了过道并带来更好的采光，未来可以添加隔断和单人床成为功能齐全的独立房间，供护理人员居住

图 24　老人躺在主卧床上能看到书房和过道的情况，也容易呼叫在书房的护理人员

图 25　主卧东窗是爱早起的奶奶晒太阳的空间。五斗柜可以移走让出轮椅通过空间，单人床架可以更换为电动护理床

▶ **家具选择与定制：注重使用细节体验**

图 26　老人喜爱真皮质感，单人休闲椅配脚凳，具备手动调节椅背功能，方便起坐

图 27　客厅主沙发选择影院款，可电动控制靠背及腿部角度，供日间半躺午休

图 28　餐椅选择腰部支撑性好的半扶手椅，方便老人起身时侧身撑扶。椅身轻盈易于拖动，并包裹椅脚防滑垫

把手只需轻轻用力就可开启

柜体使用长 U 形把手方便抓握

定制矮柜内置可锁定万向轮

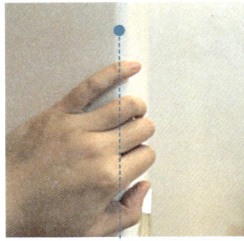

家具、墙体直角做圆弧处理

图 29　关于老人气力衰减的细节考量

　　这个作品最初吸引人目光的是其温润的色调和质感，大片的木色、细腻的材质、优雅的配饰，消除了适老化设计给人的"医疗味儿"的刻板印象。平面改造手法娴熟，两个小卫生间合并为三分离卫浴，并引入回游设计，动线流畅，功能细致。尤其考虑了老人的淋浴习惯，相当体贴周到，值得学习。

——居住研究学者、作家、建筑师　逯薇

设计者：凌琳

单　位：上海吉缮建筑装饰设计工程有限公司

退休女医生的异形小公寓
——小户型也能实现原居安老

扫描观看视频

▶ 居住者情况

用户：L 医生，82 岁，
　　　女性独居，生活
　　　自理

委托人：L 医生的女儿

地点：上海静安

面积：36m²，一室户

设计 / 完成：2023 年
　　　2 月—8 月

▶ 改造缘起

　　本案委托人常住海外，独居上海的八旬母亲有一次不慎在家中摔倒，卧床一个月才基本恢复。这次意外使女儿重新审视母亲的生活环境——房屋设施老旧失修，不适应当前的生活方式，屋内满是杂物，光照不足，处处潜伏着安全隐患。委托人趁回国之机，将这座位于市中心的旧公寓以"适老化"的标准整修一新（同时叮嘱设计师千万不要设计的像病房或"公厕"），给母亲一个安全、舒心的生活环境（图 1 ~ 图 4）。

图 1　原户型一进门是一个异形过厅，不常使用的沙发上堆放着杂物，餐桌也被从厨房溢出的小家电占据

图 2　改造前的卧室和阳台之间以一道钢制门连窗相隔，阳台主要用于洗衣晾晒，常年悬挂的衣物使房间显得局促和昏暗，即使白天也需要开灯

图 3　铝合金门窗隔出的厨房仅容一人，几乎没有完整的操作台面，内部设施老化，存在安全隐患。卫生间的门对着餐桌，即便对于独居者也有些尴尬

图 4　居室收纳空间不足，衣橱顶上堆满了行李箱和纸箱，书本只能挤在充当床头柜的塑料箱里

► 改造设计要点

房屋面积有限且形状不规则，几乎所有墙体均为剪力墙，无法进行大规模结构改造。基于房屋原始条件和老人的生活方式，提出如下改造策略（图5、图6）：

1. 拆除非承重隔断：拆除厨房的铝合金隔断、厨房和阳台之间的隔墙，以及阳台与卧室之间的门连窗（非承重结构），形成一条"回游动线"，盘活了原本难以使用的犄角旮旯，使整个空间变得流动、明亮、饶有趣味。

2. 优化过厅布局：过厅中采用S形隔断，集中放置冰箱和洗衣机，并将过厅分隔为门厅区和餐厨区，提升空间利用率。

3. 整合阳台与居室：打通阳台和居室，改善采光，形成一处比较大的活动空间；同时将洗衣机从阳台移到浴室门外，缩短洗衣动线，释放阳台的景观和休闲空间。

点评
冰箱、洗衣机呈S形摆放，既方便厨卫两边使用，又起到隔开空间形成门厅、遮挡卫生间视线的作用，一举多得。很妙！

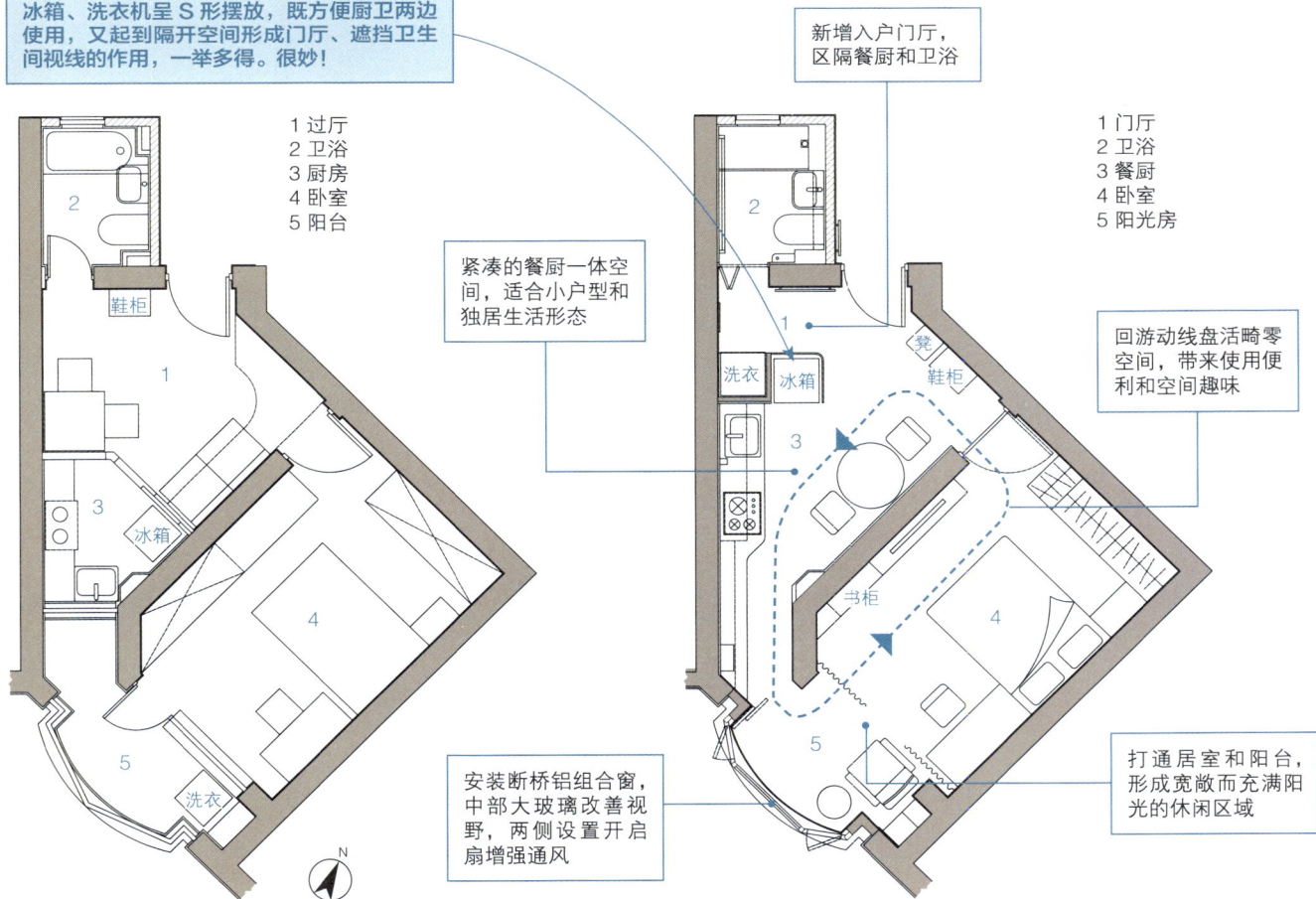

1 过厅
2 卫浴
3 厨房
4 卧室
5 阳台

紧凑的餐厨一体空间，适合小户型和独居生活形态

安装断桥铝组合窗，中部大玻璃改善视野，两侧设置开启扇增强通风

图5 改造前平面图

新增入户门厅，区隔餐厨和卫浴

1 门厅
2 卫浴
3 餐厨
4 卧室
5 阳光房

回游动线盘活畸零空间，带来使用便利和空间趣味

打通居室和阳台，形成宽敞而充满阳光的休闲区域

图6 改造后平面图

图7　S形设备隔断把异形过厅划分为"门厅区"和"餐厨区"；穿孔板不仅利于冰箱散热，又兼具墙面收纳与装饰功能

▶ "S"墙分隔门厅和餐厨

利用过厅中的S形隔断，集中安放冰箱和洗衣机两大设备，洗衣机面向卫浴，优化洗衣动线，冰箱面向厨房，便于取用食材。同时，隔断解决了卫生间和餐厨对视的问题，还形成"半个"门厅空间，进门可以从容不迫地放下随行物品，整理仪容（图7）。

▶ 多层次的照明

门厅采用感应式灯具，开门时自动点亮；餐厨区吊顶采用反光灯槽和筒灯带来均匀的全局照明，吊柜底部的低压灯带充分照亮操作台面；餐桌上方安装可调节高度的吊灯照亮桌面，营造房间气氛（图8、图9）。

图8　入口门厅处保留了祖传的老鞋柜，延续家族记忆

图9　新增门厅内设有横向扶手、全身镜和洞洞板收纳墙

▶延长的厨房操作台面

橱柜一路延伸至阳台转角，最大程度地提供了操作台面和收纳空间。台面顺应空间轮廓，设计了两种深度：60cm深的台面用于传统烹饪，36cm深的台面用于放置小家电，两种台面之间以斜边圆角过渡。不同深浅的抽屉、层板、开放格、下拉篮等，满足炊具、餐具、零食干货等精细化收纳需求（图10、图11）。

▶紧凑的餐厨空间

冰箱和橱柜呈转角包围着餐桌，操作动线紧凑，做完饭一转身就可以坐下用餐，也可在餐桌边坐着择菜、备餐和小憩。圆形实木餐桌和吊灯在一定程度上化解了小空间的不规则几何形态（图12、图13）。

图10 延长的厨房台面配合回游动线，提高了空间使用效率

图11 深36cm的橱柜通往阳台和居室，从房间起身喝茶倒水也更方便

点评
简明的设计、清爽的色彩、明亮的灯光，使小空间看上去熠熠生辉。

图12 踏入室内，映入眼帘的是温馨的餐厅一角

图13 紧凑的餐厨一体空间

▶ 卫浴虽小，也要实现适老化 + 精细化

　　原户型卫浴面积很小，若按照无障碍设计需求或老年住宅标准，是"不合格"的，而且受到房屋结构和设备管道的限制，没有向外拓展的余地。但用户表示多年来已经习惯这样的尺度，因此在原空间范围内开展一系列优化设计，包括：消除地面高差、浴缸改成淋浴并搭配坐具、升级照明和供暖设备、安装智能坐便器、增加收纳等，在不扩大空间、不更改管道的前提下提升居住品质和便利性（图14～图16）。

▶ "不要像公共厕所"

　　使用者目前生活自理，对扶手、辅具等比较排斥，因此在扶手的初步设置中考虑了多功能使用场景，例如横向扶手可兼作毛巾挂杆，选用厕纸架扶手一体化产品等。产品采用实木材质或木纹转印工艺，观感温馨，做到了客户提出的"不要像公共厕所"这一要求。一般来说，辅具不涉及水电工程，可等有需要时再作选择和安装，不必执着于"一步到位"（图17～图20）。

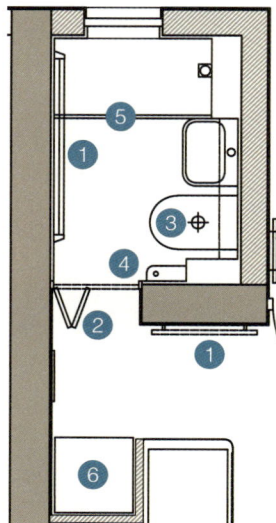

1 横向扶手
2 折叠外开门
3 智能坐便器
4 厕纸架扶手
5 无障碍地漏
6 洗烘一体机

图14　卫浴平面图

图15　改造前的卫浴设施陈旧，浴缸不适合老人使用，缺少收纳

图16　改造后的卫浴浴缸改淋浴，地面无障碍，设施全方位升级

充足的照明和供暖

　　风暖型浴霸的安装避开淋浴区，以免洗澡时风吹到皮肤。平板顶灯提供全局照明，高色指镜灯从前方照亮使用者的面部。

浴缸改淋浴

　　拆除浴缸改为淋浴，淋浴区和干区之间用通长地漏取代挡水条，避免磕绊，也便于助浴操作。

智能坐便器

　　传统坐便器升级为带温水洗净、坐圈加热等功能的智能坐便器。

扶手和淋浴椅

　　浴室的扶手和座凳不仅"适老"，也便于年轻人扶着坐着清洗足部等。此处选用活动单椅（而非公共场所无障碍设计图集中常见的固定在墙上的金属折凳），其高度可调，座面带曲度，材质温和，可配合不同使用情况灵活移位。

图 17 改造后的卫浴

地面无高差

卫生间地面与外部采用同一材质（防滑地砖）通铺，不设门槛和过门石，微微向内找坡以防积水。

外开折叠门

卫生间门采用铝合金折叠外开门，节省空间，一旦发生跌倒等情形也不会阻碍开门救援。

大容量镜柜

台盆和坐便器上方设置通长镜柜，不同高度的层板可以收纳各种规格的物件，并为电吹风和电动牙刷预留了插座和挂放位置。

近便的洗衣区

洗衣机位于浴室门口，带烘干功能，缩短家务动线与流程。

多功能木纹扶手

木质或木纹的产品观感温馨，适宜居家场景。

图 18 通长地漏代替挡水条

图 19 起夜沿途布置感应式夜灯

图 20 卫生间横向扶手设计实例

点评

由于侧墙长度不足，坐便器侧边的竖向扶手位置不太理想，不能在起身重心前移的过程中充分提供助力，实际使用中可能需要用户向左稍微转身，以前倾的姿态握杆，或借助前方横杆施力。

空间不足导致常规无障碍辅具无法安装或无法充分发挥效能，是居家改造中常遇到的情形，应结合用户身体情况和空间条件因地制宜选择或定制合适的产品。

▶洗衣机移位，缩短家务流程

原本洗衣机放在阳台，洗晒动线很长，晾晒的衣物常年遮挡居室采光。此次改造将洗衣机升级为洗烘一体机，移至浴室对侧，洗澡换下的衣服可以就近清洗烘干，收入衣柜，不仅缩短了家务动线，也把窗前最惬意的空间留给起居和休闲（图21 ~ 图24 ）。

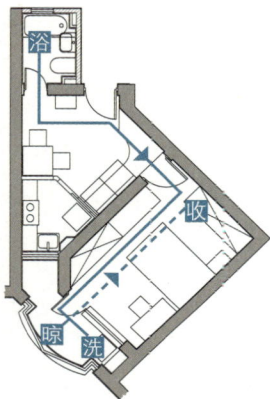

图21　改造前的洗衣动线

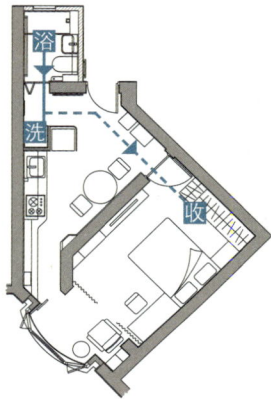

图22　改造后的洗衣动线

图23　改造前的阳台

图24　改造后的阳台

▶ 多面衣柜

衣柜侧面设置"次净衣"挂放区；床头设置转角床头柜，解决了"衣橱开门难题"，宽大的床头置物台面在未来需要时，还可放置家用医疗护理仪器（图25 ~ 图27 ）。

图25　转角床头柜

图26　次净衣挂放区

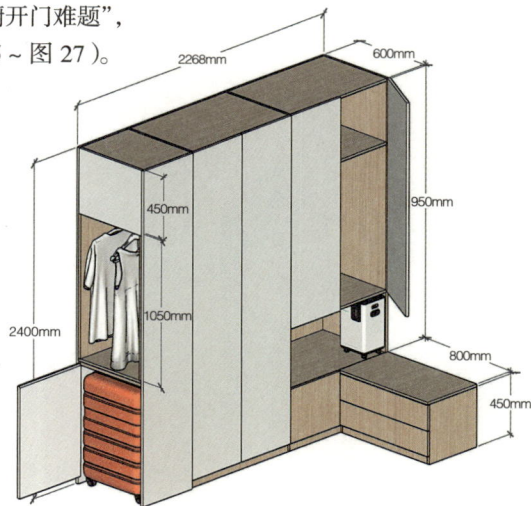

图27　衣柜设计图

▶ **贯通卧室和阳台，打造休闲区**

　　阳台和卧室之间的门连窗拆除后，大大改善了居室的采光和视野，形成一处宽敞明亮的休闲区域。阳台安装了隐形升降晾衣杆，保留晾晒功能；带扶手的沙发椅可展开成为一张单人床，用于留宿或陪护（图 28）。

图 28　改造后的卧室和阳光房

　　本实践案例是针对小户型独居老人的乐龄改造，设计师面对诸多不利因素，如异形空间局促拥挤、缺乏收纳、光环境差、家务动线长、厨房操作面不足等，通过设计回游动线盘活空间，设计 S 形隔墙组织家务空间，利用边角设计橱柜收纳空间，同时在地漏、折门、照明、扶手等细节设计方面全面周到。项目用灵动的设计巧思化不利为有利，通过空间改造和设备升级实现居住单元的适老化更新，采取的设计及技术措施到位，居住空间质量提升显著。项目实践完成度高，是一份优秀的、小中见大的适老化改造作品。

——东南大学建筑学院副院长、教授、博士生导师　鲍莉

设计者：王泽欣、刘苏瑶
单　位：上海素刿建筑设计有限公司

温润如玉 – 父母的园·弧之家
——46m² 异形小户型的适老化改造

扫描观看视频

▶ 居住者情况

　　项目位于上海市徐汇区，业主希望为其年纪 60+ 的父母设计一处既舒适又安全的养老居所，并且能够满足老人的日常爱好与生活习惯。子女与老人同住在一个小区，平日下班后会去老人家里吃晚餐，周末也会去探望（图 1 ~ 图 7）。

▶ 生活需求分析

　　①老人平常喜阳光；②子女常来吃饭有家庭聚餐需求，希望增加餐厨空间的互动；③老人有储物需求，需要衣帽间；④老人睡眠较浅，卧室需要预留可放下两张单人床的条件；⑤未来要考虑预留陪护床位。

图 1　入户无门厅

图 2　采光不足的餐厅

图 3　闭塞的厨房

图 4　异形的卫生间

图 6　空旷的卧室

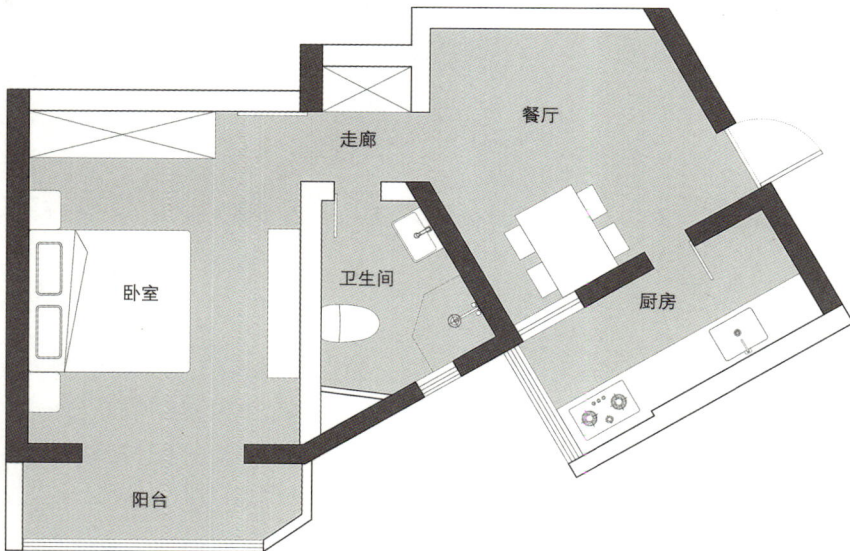

图 7　收纳空间不足

图 5　原始户型平面图

▶ 户型存在问题

1. 入户无门厅及收纳空间；
2. 厨房空间狭小且操作台面不足；
3. 餐厅通过厨房间接采光；
4. 餐厅与卫生间为不规则形状；
5. 无起居空间；
6. 整体收纳空间不足；
7. 卫生间无干湿分离。

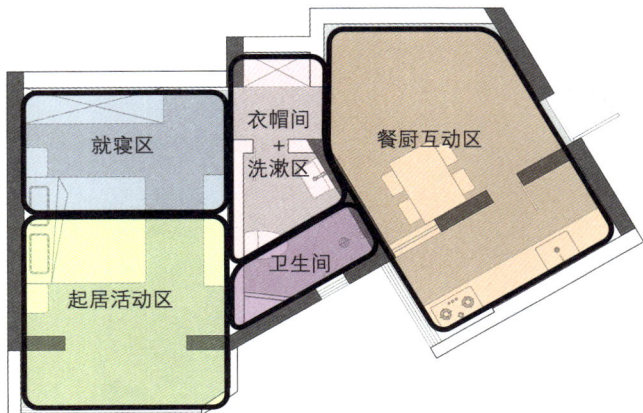

图 8　重新规划功能区域

▶ 平面改造策略

　　根据对原始户型及老人的生活需求分析，我们提出以下改造策略（图 8、图 9）：

　　策略 1： 在原始卧室的南侧结合阳台一起，挤出一个起居活动区，为老人创造一个具有充足自然采光和日照的起居活动空间。

　　策略 2： 原卧室北移，远离外窗形成安静的就寝区域，预留可放下双床的空间，并通过布帘与起居空间分隔。

　　策略 3： 原餐厅区域结合厨房一起形成餐厨互动区。

　　策略 4： 原走道区域结合卫生间部分打造出衣帽间和洗漱区，实现卫生间干湿分离。

点评
沿通行空间设衣帽间和洗脸池，使交通空间得到复合利用，很好的做法！

可放下两张单人床的卧室，满足以后老人分床睡的需求，与起居室通过布帘分隔

利用走道形成储藏衣帽区

厨房与餐厅之间设置传菜口和吧台，增加厨房与餐厅的互动

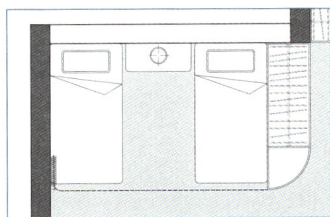

双床布局

将原南向卧室空间划分为就寝区和起居活动区，为老人创造阳光充足的日常起居空间

将洗衣机与家政柜布置在阳台区域，方便老人进行晾晒

在阳台一侧布置阅读区，为老人提供看书、上网的休闲活动场所

卫生间实现干湿分离，淋浴间设置双折门与马桶间分隔

设置入户门厅柜与落尘区，并设置"800库"增加收纳

图 9　改造后平面布置图

▶ 把"适老"做的不像"适老"

考虑到老人入户的收纳与换鞋需求，我们在入口处特别增设了门厅柜与换鞋凳。门厅柜的侧板上巧妙地开设了一个圆形洞口，这一设计不仅为空间增添了一处别致的小景窗，同时也起到了起身扶手借力的作用，兼具美观与实用性（图10、图11）。

▶ 台面延伸＋传菜口增强餐厨互动

原有厨房与餐厅之间的内窗被改造成了一个传菜口，并将厨房台面延伸至传菜口处，传菜口安装了上推窗以便灵活开启。这一设计不仅使老人在准备晚餐后能够轻松地将饭菜通过传菜口传递给餐厅的家人，同时也增强了餐厅与客厅之间的空间流通与互动性（图12、图13）。

隐形扶手

图10 增加门厅柜与换鞋凳

图11 景窗兼作扶手

图12 厨房与餐厅之间设置传菜口

传菜口
延伸的台面

图13 厨房台面延伸至传菜口

▶ 圆弧化解异形空间，结合走道打造衣帽间

结合走道空间增加独立衣帽间，并将主要通道的转角处处理成圆弧，从而有效避免老人在行走过程中可能发生的磕碰问题，为他们的日常生活提供了更多的安全保障（图14~ 图16）。

图 14　转角处的圆弧处理

图 15　利用走道增加的衣帽间

图 16　从餐厅到起居室贯通的视线

点评
走道中家具设备的圆弧化设计，考虑了轮椅和紧急情况下急救担架的通行，十分有用！

▶ 对角线布置空间，使小空间显大

餐厅、衣帽间与客厅被布局成对角线形式，创造出一条流畅的视线通道。这一设计不仅增强了空间的纵深感，使空间显大，还确保了老年人在家中能够轻松观察到各个区域的情况，提升了他们的生活便利性和安全感（图17、图18）。

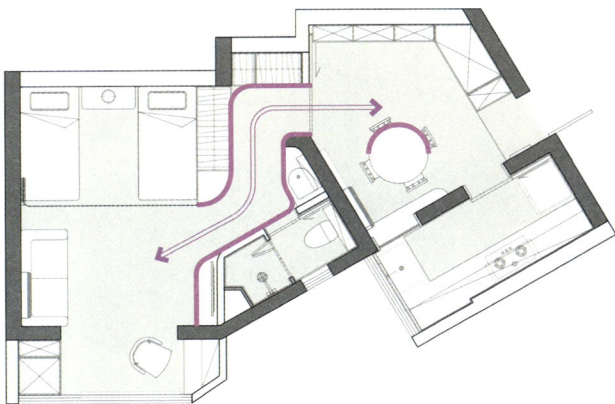

图 17　主要通行区域圆角处理

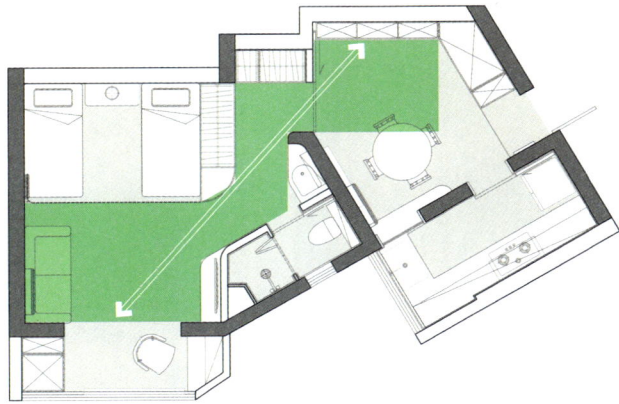

图 18　视线贯通分析图

图 19　卫生间洗漱区

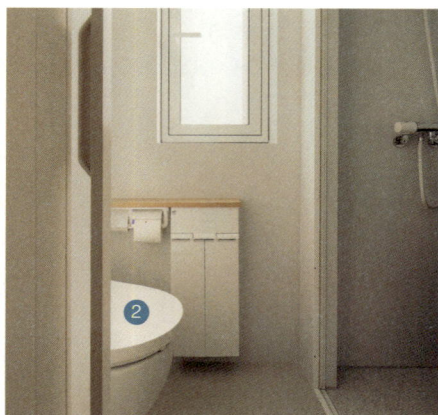

图 20　马桶间

▶ 卫生间保障使用安全与便捷

①卫生间洗手池外提，干湿分区，方便使用（图19）。

②采用壁挂式坐便器，方便老人日常打理地面（图20）。

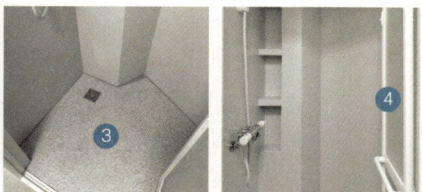

图 21　PVC 防滑地材　图 22　通过折叠门分隔

③浴室地面选用了日本进口 PVC 防滑地材，并进行了无高差处理，防止老人在洗浴时绊倒或滑倒（图21）。

④浴室门采用了日式折叠门，这种门具有透气不透水的性能，并且可以从外侧卸下来，便于在老人遇险时进行及时救援（图22）。

点评
利用弧线更衣柜柜门遮挡视线，一门两用，很妙的做法！

▶ 更衣区实现私密与开放的自由转换

我们利用紧邻洗漱区的圆弧柜体设计了专门服务老人洗浴更衣的"更衣柜"。打开圆弧柜门后，可以巧妙地转化为老人的换衣凳，其下方的空间可用于放置脏衣篓，便于将换下的衣物直接收纳其中。打开的柜门还能有效阻挡来自客厅的视线，为换衣过程提供了一个私密的空间。衣帽间与餐厅通过移门分隔，打开后可将餐厅与客厅贯通起来转变为一体化的活动空间，增加空间的开放性（图23～图26）。

图 23　柜门关闭

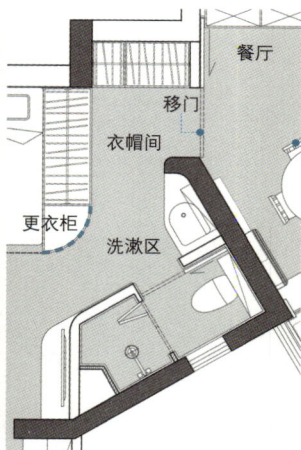

图 24　连续空间

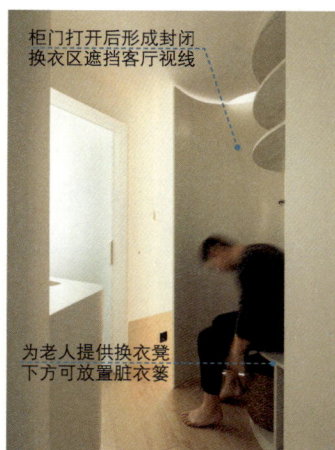

图 25　柜门打开

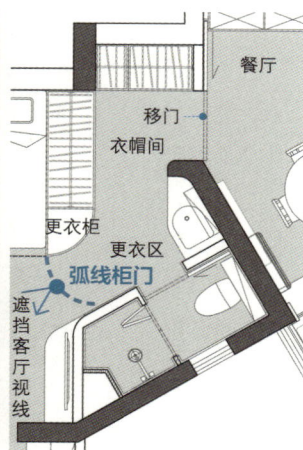

图 26　私密空间

▶ 起居空间设于南向

为了满足老年人对阳光的喜爱，我们在原始卧室的南端置入了一个多功能活动空间。这个空间专为老人进行日常起居活动而打造，设有沙发区、阅读区、家政区，以满足老人的生活习惯与日常爱好。沙发区未来还可以灵活转变为临时陪护空间，为老人的生活提供更多的关怀（图27、图28）。

图27 阳台设置阅读区与家政区

图28 阳光充足的起居空间

▶ 轮椅友好通行

为满足老年人未来可能使用轮椅的需求，我们在全屋空间设计上做了充分的考虑，所有通道的宽度均保证大于等于0.8m，确保轮椅能够顺畅通行。同时，在客厅与餐厅特别设置了轮椅回转空间，为老人未来可能使用轮椅提前做好准备（图29、图30）。

图29 全屋无障碍分析图

图30 预留轮椅回转空间

▶ 布帘分隔空间，起居休息互不影响

起居室与卧室之间采用了布帘作为灵活的隔断，平时不使用时，布帘可以靠墙收起，使卧室与起居室融为一体，形成一个宽敞的空间。当其中一位老人需要休息时，只需将布帘拉上，即可创造出一个独立的休息环境，同时也不会影响到另一位老人在起居室的正常活动（图31、图32）。

图31 卧室与起居室通过布帘分隔

图32 卧室与起居室融为一体

▶ 电视可多角度观看

老人有睡前在床上观看电视的习惯，我们特别安装了可旋转电视支架，无论是在客厅还是卧室，都能方便地调整电视位置和角度以满足观看需求（图33、图34）。

点评

将电视机旋转满足在床上也可以看电视的需求，设计师想得很周到。

图33 在就寝区观看电视

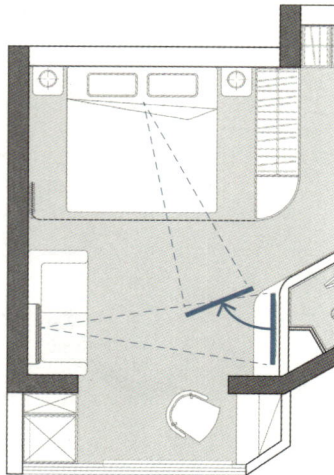

图34 观看角度分析

▶ 衣柜双侧开启

衣帽间柜体两侧都设计了柜门，使其不仅可以从衣帽间打开，也可以从就寝区直接开启。双侧开门的衣柜使老人无须离开就寝区，就能直接拿取所需的衣物，极大地提升了衣柜使用的便捷性（图35、图36）。

图35 从就寝区可以直接拿取衣物

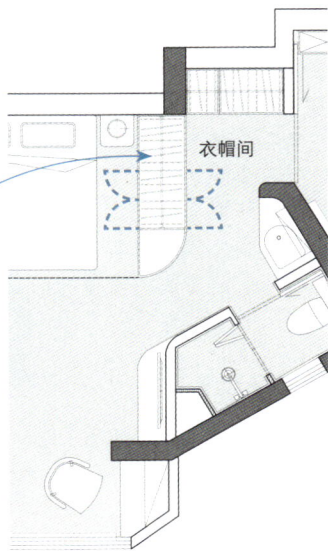

图36 就寝区局部平面图

点评

如果靠近床头的柜门也能内外同时开启，就能使老人在床上看到餐厅、门厅的情况，当需要人照护时可能会十分有用。

评委点评

设计师针对不规则室内空间的优化改造，展现出较强的空间规划与掌控能力。通过优化空间布局，实现了采光改善、餐厨互动、干湿分离等目标，成功地将限制因素转化为设计亮点，充分体现其在空间利用上的专业素养。同时，衣柜双侧开启的贴心设计，彰显出对老年人未来生活细节的关怀，使空间整体既实用又充满温情。

——清华大学美术学院教授、博士生导师 李朝阳

设计者：刘鑫宇、王子恒、林炅泽、高准晟　　指导者：刘滢
单位：哈尔滨工业大学

二等奖

阿布"心"屋
——基于居住常态理论下的整体居家适老化改造

扫描观看视频

▶ 居住者情况

　　阿布爷爷是一位 65 岁不愿与子女同居，患有高血压等老年病但生活可以自理的东北独居老人，爱好广泛喜欢花鸟鱼虫、书法字画、太极拳。子女于外地定居，一家三口偶尔回家探望，未来有需求时，考虑为爷爷聘请家庭护工（图 1~ 图 3）。

目前老人独居　　　子女一家偶尔来访探望　　考虑未来陪护需求

图 1　居住者情况

图 2　色彩偏好为暖色调

阿布的困扰

　　本项目位于哈尔滨，原始户型是 115m² 的三室两厅，由于装修年代久远，老旧的环境比较压抑。哈尔滨气候寒冷，老人在室内活动的时间较长。随着年龄增长，子女担心老人的居家生活安全问题（图 4）。

业余生活丰富，喜欢花鸟宠物，重新营造宠物空间是改造目标之一

哈尔滨冬季寒冷，老人多室内活动，喜欢书法太极，习惯阳台储物，改造应注重提升室内活动和储物空间质量

图 3　老人生活习惯

阿布的心愿

　　1. 重新营造明亮、温馨、安全的室内环境；
　　2. 尊重个人爱好，重新营造各类室内活动空间。

空间功能不适用于独居老人，物品收纳随意，卫生间存在安全隐患

图 4　室内原貌

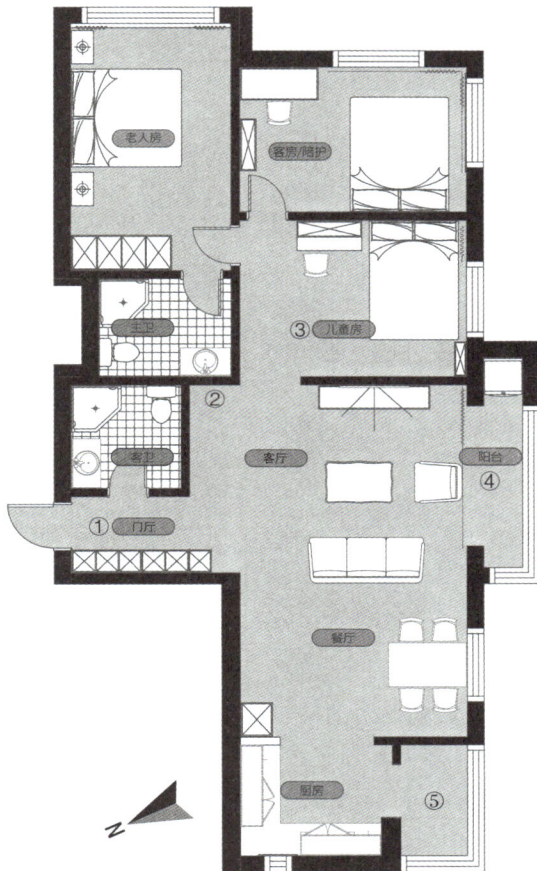

图 5　原始平面图

图 6　改造平面图

点评

若将推拉门插入墙内，墙体还要更厚一些。

问题梳理

①门厅空间狭长，缺少必要的适老家具，如换鞋凳；

②客卫与主卫隔墙存有转角、房间动线不畅、卫生间的地板易滑等，存在安全隐患；

③客卧和儿童房闲置，利用率低；

④老人的花草宠物空间简陋，花草植物随意堆放在房间内的各处地面，老人有绊倒风险；

⑤玻璃老化加上没有隔断，厨房小阳台灌风，冬季影响室内温度。

改造方案

①儿童房改为多功能房，平时作为老人书房，配备沙发床和可移动书桌，设置折叠门灵活使用，也可作为临时客房；

②扩宽老人房的门洞，改为推拉门，为未来轮椅进出提供可能；

③客卫下方隔墙上移，拓宽门厅增大入户门，右侧隔墙右移与主卫隔墙齐平，便于布置扶手，形成流畅动线；

④老人房以及主客卫生间房门换为隐藏推拉式；

⑤阳台将原有的洗衣晾晒和宠物花草空间重新组织；

⑥阳台储物空间增设推拉门，以防冷风灌入。

► 一步到位式改造

本次的改造方案将充分地考虑阿布爷爷从自理到介护阶段的不同需求，提前将无障碍与适老化设计融入改造方案，以应对未来身体情况改变所带来的环境需求变化（图7、图8）。

1. 自理阶段

1）优化家务动线，如餐厨动线，为老人"省力"；

2）优化布局，形成娱乐动线，满足老人养花养宠等兴趣爱好；

3）利用可变动家具增加空间功能，如可移动茶几，创造出老人冬季的室内活动空间。

2. 介助阶段

1）老人可在家使用轮椅；

2）拉齐主、客卫的墙体，便于老人在家时可以沿墙进行日常锻炼；

3）就餐动线简洁，配合推拉开合餐桌，方便陪护人员照料老人就餐。

3. 介护阶段

1）陪护房紧邻老人房，方便护工及时照料；

2）以卧室空间为主要活动范围，配备床桌、扶手等适老化设施，满足日常生活和康复；

3）老人床两侧空间大，可放置制氧机等家用医疗设备。

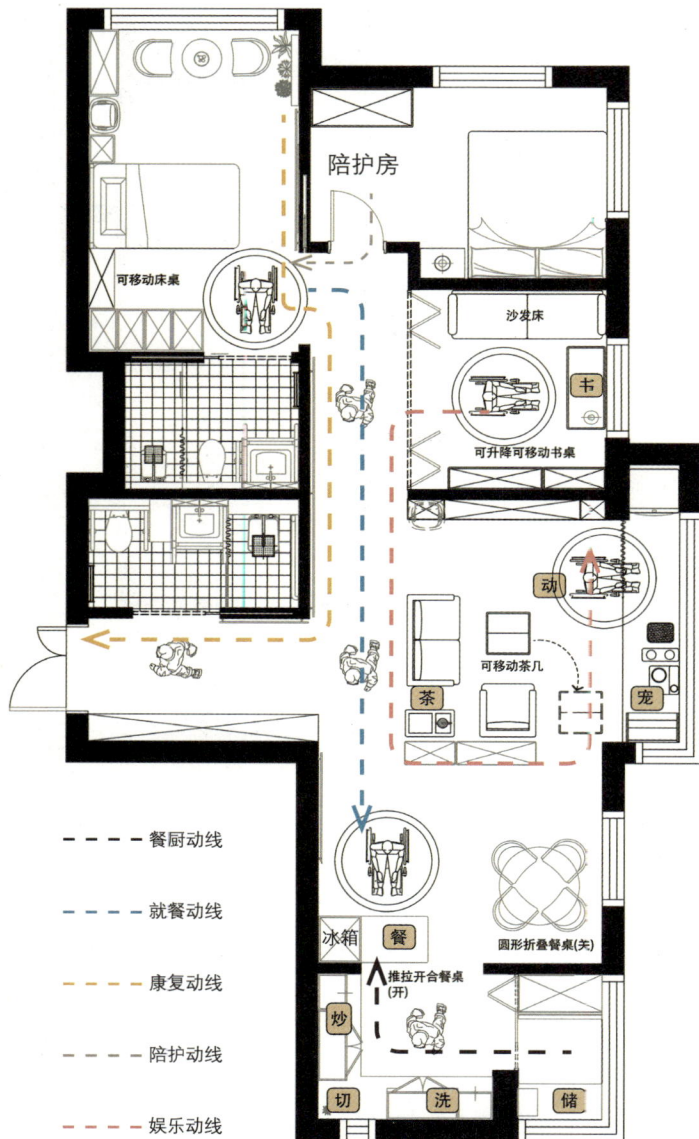

图 7 动线概念分析图

陪护房

可移动床桌

沙发床
卡
可开降可移动书桌

动
可移动茶几
茶
宠

冰箱 餐
推拉开合餐桌（开）
炒
圆形折叠餐桌（关）
切 洗 储

- - - - 餐厨动线
- - - - 就餐动线
- - - - 康复动线
- - - - 陪护动线
- - - - 娱乐动线

图 8 老人房原貌

► 老人卧室改造

在家庭中卧室是使用率最高的空间，应重点改造。老人房配备智能化设备，陪护机器人、电视等都可与老人语音交互降低孤独感，暖色调装潢，利用博古柜、植物进行点缀，增强温馨感（图9~图11）。

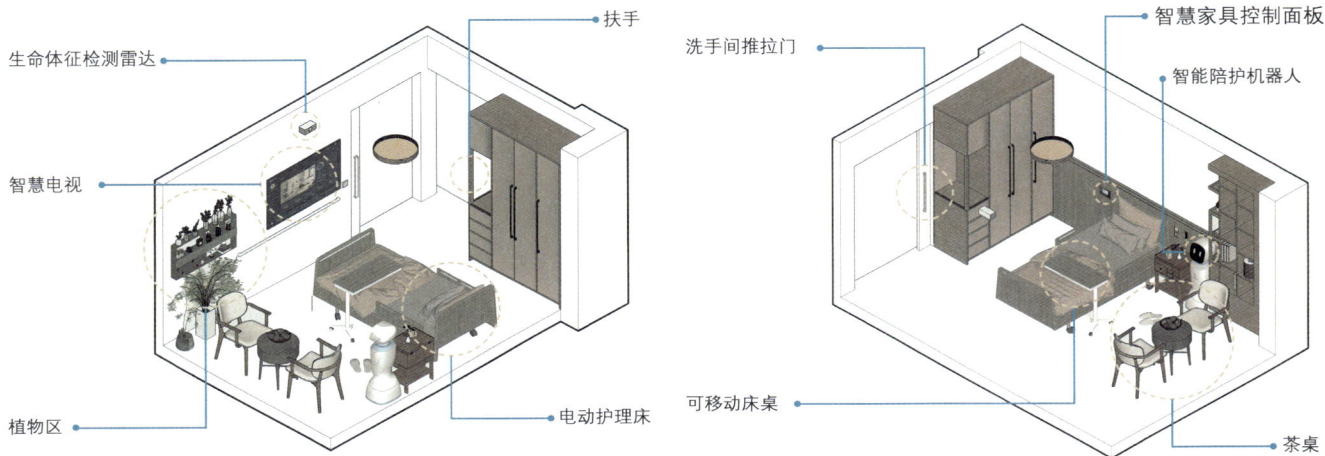

生命体征检测雷达
智慧电视
植物区
扶手
洗手间推拉门
电动护理床
智慧家具控制面板
智能陪护机器人
可移动床桌
茶桌

图9　老人房轴测图

监测雷达
智能电视
博古柜
植物区
移动床桌

图10　老人卧室改造效果图

图11　定制衣柜

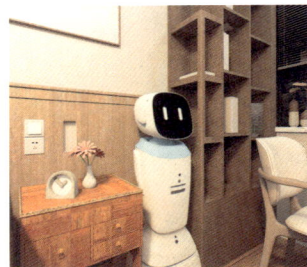

图12　陪护机器人

▶ 入户门厅设计分析

门厅柜设置了中部台面，柜体的立杆也可作为扶手使用，以方便老人抓扶；柜子下部内凹方便摆放常用鞋子；柜门设置软木板，使用记忆贴，不再担心出门忘东西；门厅顶部做全顶灯光，缓解狭窄空间的紧张感（图13、图14）。

图 13　入户门厅

图 14　适老化门厅柜

▶ 厨房餐厅设计分析

厨房分别设置了推拉式吧台餐桌和聚餐餐桌，方便老人就餐和家庭聚餐。考虑到老人后续乘坐轮椅的不便，橱柜下部做内凹处理，在洗手池旁边设置休息椅，厨房阳台尊重北方老人生活习惯保留储藏功能，照片墙保留老人回忆（图15、图16）。

图 15　阳台储物空间

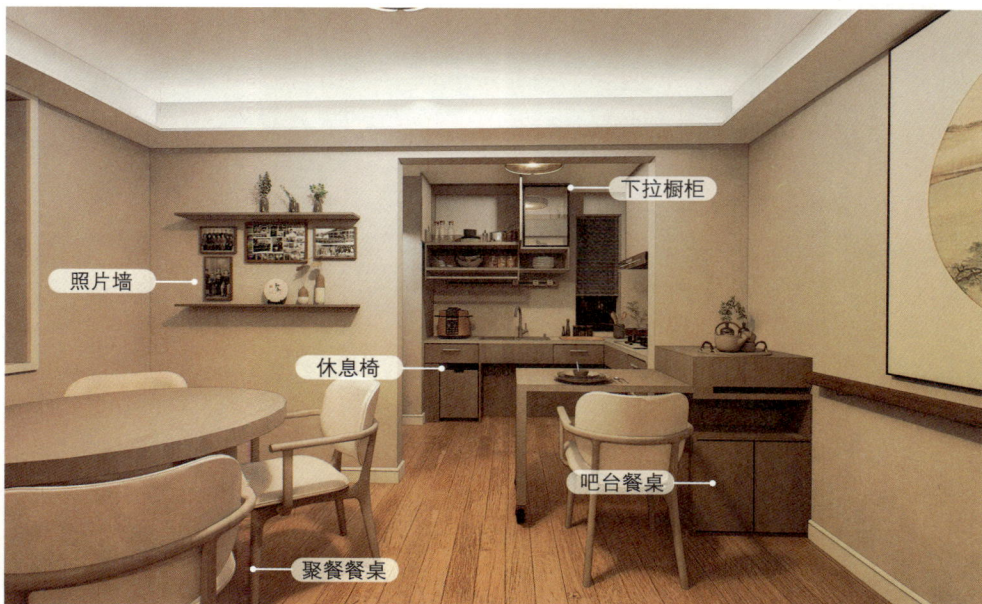

图 16　厨房餐厅

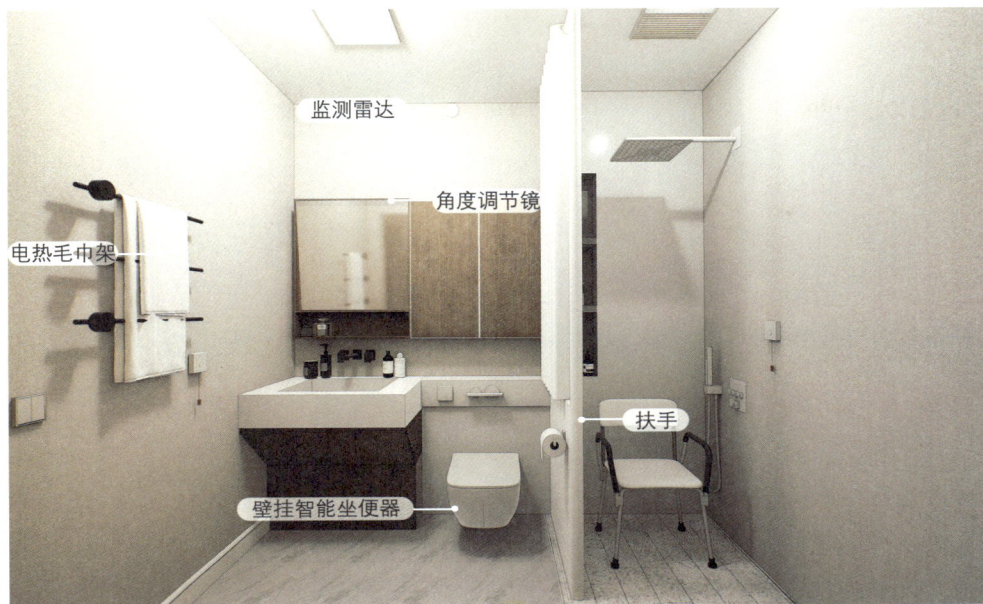

图 17　卫生间

▶ 主卫设计分析

　　卫生间设置加热毛巾架防止细菌滋生，洗漱台下部内凹，配备角度调节镜便于坐姿使用，壁挂智能坐便器打扫方便，节约空间，洗脸池侧台面可充当扶手，坐姿淋浴设备旁设置紧急呼叫器，配合监测雷达为老人安全双重护航（图 17）。

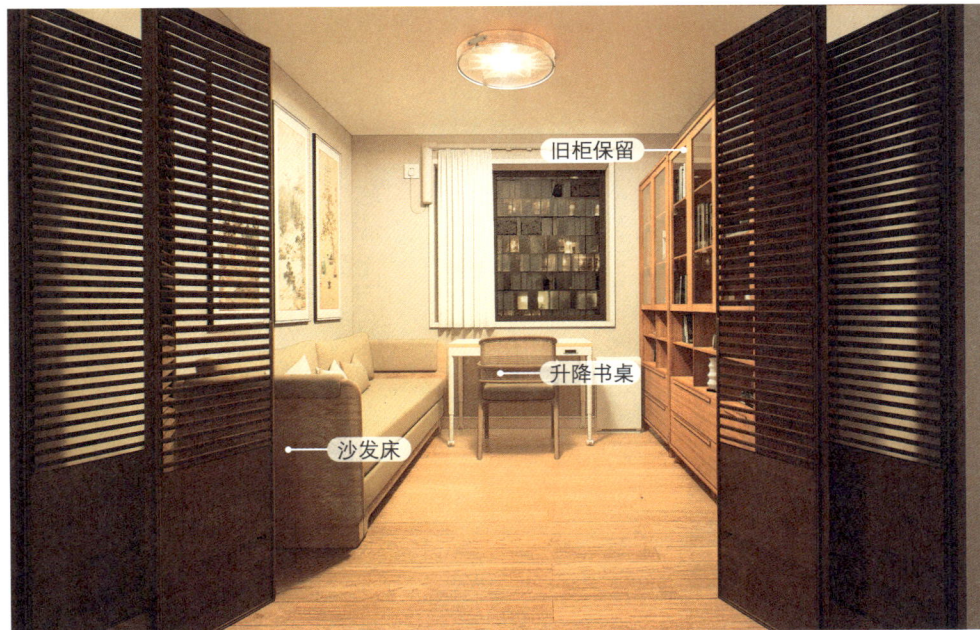

图 18　多功能房

▶ 多功能房设计分析

　　一房多用，平时作为老人的书房，收纳老人的墨宝，放置沙发床和可移动书桌，空间通透，配备折叠门后也可作为临时客房（图 18）。

▶ 客厅设计分析

客厅部分将原有沙发替换成适老化沙发椅，结合老人饮茶习惯设置可移动茶桌，以及可移动茶几，移动茶桌、茶几，空出位置使客厅开敞，可作为室内打太极的活动空间；设置智能陪护机器人停驻空间以便更好地照看老人；阳台部分布置洗晒区以及猫爬塔、鸟笼、花架，尊重老人爱好和原有生活习惯营造温馨氛围（图 19 ~ 图 21）。

图 19　客厅

图 20　客厅细节效果

图 21　入户视角

图 22　智能监测布置图

▶ 智能监测设计分析

　　在前期访谈过程中，阿布爷爷的子女由于担心其独居的安全问题，希望安装家用摄像头，而阿布爷爷则觉得缺乏隐私，为解决矛盾我们在老人房、次卧、卫生间、走廊、客厅、餐厅均布置有毫米波体征监测雷达，可感知老人的人体方向、距离、速度、心跳和呼吸，实现对位置轨迹、身体姿态、呼吸睡眠 [即在离床（房）] 等情况实时监测，既保护了老人的隐私也可为其安全护航（图 22 ）。

> **点评**
> 利用智能手段对老人生活的方方面面都考虑得很周到，赞！

评委点评

　　《阿布"心"屋》全面体现出了设计师具有优秀的适老化、精细化设计能力。设计方案选择独居老人进行居家适老化改造，符合中国国情，具有普遍的适用性。方案对老人和家庭成员的需求分析得很清楚，应对措施得当。在不变动大格局前提下，适当改造局部墙体，设置多功能空间，一次改造即兼顾自理、介助、介护三个阶段的不同需求，尊重老人的习惯和爱好，巧妙优化空间功能和生活活动线，满足安全无障碍，兼顾经济实用，未来方便灵活调整。橱柜、门厅柜等定制家具的设计，适老化活动家具的选择，以及隐形扶手、适老化卫浴、推拉门、花草宠物架、感应夜灯等细节的设计均准确到位。设计方案也充分考虑到智能科技应用。选材和配色温馨典雅，具有美感。图面表达清晰详尽。

——城乡规划专家、大健康与养老产业专家　李文捷

渐冻症多年，全面照护爸爸妈妈的家

扫描观看视频

▶ 居住者情况

爸爸：70+岁，患有糖尿病，由于长期照顾妻子的起居日常，身心负担很重。

妈妈：70+岁，患有渐冻症和淋巴癌，目前左手无力，无法行走，仅能短时间站立。之前由家人照顾，现需要引入专业的护理人员居家照护。

女儿：40+岁，常年居住在海外，现决定回国照顾双亲。但原有住房条件无法满足三人的居住需求，因此，需要对房屋进行设计改造。

希望让妈妈得到全面照护，让爸爸能够安心养老，让女儿可以温暖陪伴。

▶ 原始房屋状况

房屋位于上海市，建筑面积 130m²，套内面积 114m²，露台面积 18m²。改造前房屋装修老旧，生活物品杂乱，适老化设计不足（图1～图7）。

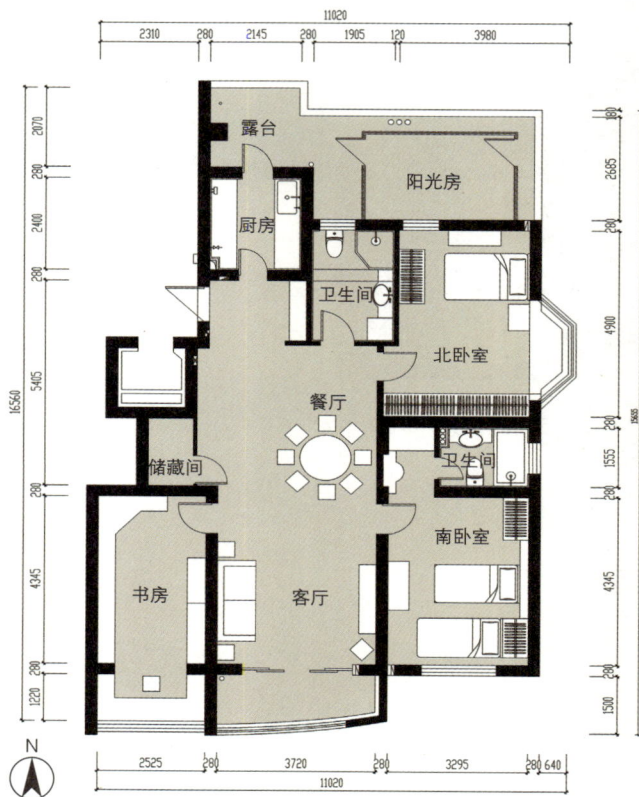

图1　原始平面布局图

露台原面积很大，但被阳光房占据大半且地面不平，轮椅难通行
图2　露台、阳光房

堆满生活物品，沦为储藏间
图3　北卧室

地面不平整，设有扶手等简单适老化设施，但远远不够
图4　卫生间

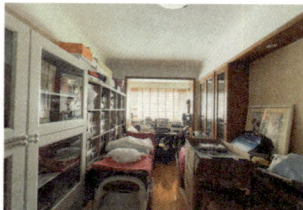

由于生活物品收纳杂乱无章，女儿只能在书房的行军床上睡觉
图5　书房

家具多而杂，缺乏科学高效的收纳体系
图6　客餐厅

南卧室为妈妈卧室，距离另外两个卧室较远，不方便他人照护
图7　南卧室

▶ 户型改造要点

①卧室布局：三个卧室集中朝南布局，确保每个人都可以在自己的房间晒太阳。

②空间通透性：以餐厅为核心，视线可贯穿所有空间，通透的空间可实现更贴心的陪伴和照护。

③专属动线设计：为妈妈设计专属动线，妈妈可以安全、便利地去往家里的每个空间，丰富居家生活。同时，在卧室和卫生间等高频使用空间，加强辅助系统，确保妈妈得到及时、充分且安全的照护。

④全屋收纳系统：建立科学高效的全屋收纳系统，特别是在门厅、厨房、妈妈卧室等重点区域，实现生活物品有序收纳，避免杂乱堆积。

点评

原户型虽有较大的露台、阳光房，但只能从厨房出入，利用率不高。改造后，将客厅与阳光房连接，打开视野，增大了室内空间感，中部岛台式餐厅成为家庭互动交流的中心。覆盖全屋的视线设计是老人家庭中有用、有效的做法。

露台

露台划分出两个功能区。靠近厨房的区域改成家政间，洗衣机、烘干机及清洁用品集中收纳在此处

余下的大部分空间，改成阳光房。不方便出门的妈妈，可以坐轮椅到这里晒太阳，赏绿植，放松身心

餐厅

将餐厅设在户型中心位置，在餐厅，视线可以通达卧室、客厅、厨房、卫生间等空间，形成全屋的视线覆盖

爸爸卧室、女儿卧室

原客厅改为爸爸卧室，这样一家三口分别拥有独立且朝南的卧室，可以在房间舒舒服服地晒太阳

爸爸在照顾家人之余，可以开展自己的兴趣爱好，享受养老生活。女儿也拥有独立的居家办公空间

客厅

北卧室改成客厅，北侧墙体改为半墙，借助宽大的室内窗，将阳光房和客厅连通起来，让空间更加通透开敞

卫浴

两个卫生间集中布局，方便管线布置，离卧室也更近

原主卫改为妈妈的专属卫生间，并根据妈妈的身体状态和护理需求，做了大量定制化的适老设计（后文中会详细说明）

妈妈卧室

妈妈卧室增加护理人员床位，以减轻爸爸的负担，同时提高妈妈的护理质量。此外，妈妈卧室还专门设置了轮椅及护理器械的停放区域

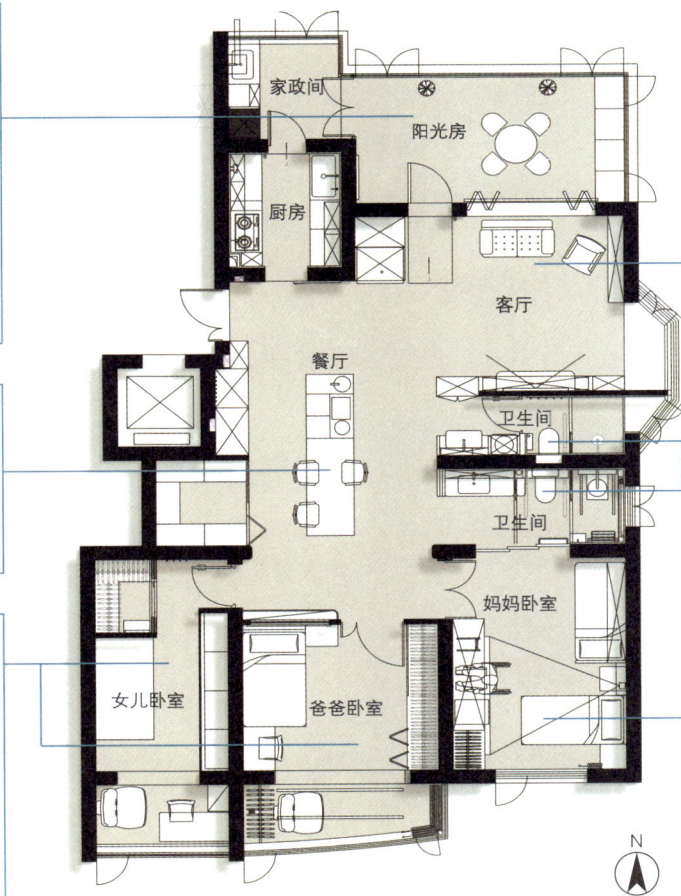

图 8 改造后平面布局图

▶ 通透比隐私更重要

1. 以餐厅为中心点，实现全屋范围的视线覆盖

餐厅位于户型中心，是全家人聚集的核心区域，视线可贯穿门厅、厨房、客厅、卧室和卫生间等所有主要功能区。

2. 巧设室内窗，实现高效陪伴，但互不打扰

在客厅和爸爸的卧室，各设有一扇宽大的室内窗。有了这两面室内窗，空间的整体采光更好，室内环境更加明亮。无论家人身处哪个空间，也都可以很容易"被听到""被看到"，既实现了高效陪伴，又保留了部分独处的空间，享受不被打扰的自在。

3. 放宽门窗尺寸，实现空间开敞兼顾护理需求

妈妈的卧室门，以及妈妈专属卫浴空间的门和过道，宽度都做了增加。一方面考虑护理人员需要更大的操作空间，一方面预留出轮椅、担架、护理设备等器械的通行空间。

4. 多开一扇门，通透比隐私更重要

妈妈卧室有两个入口，形成一个小小的回游。当妈妈需要家人时，大家可以更快速高效地进入卧室。对于行动不便的渐冻症患者来说，需求要得到快速响应，通透比隐私更重要。

图 9　视线分析图

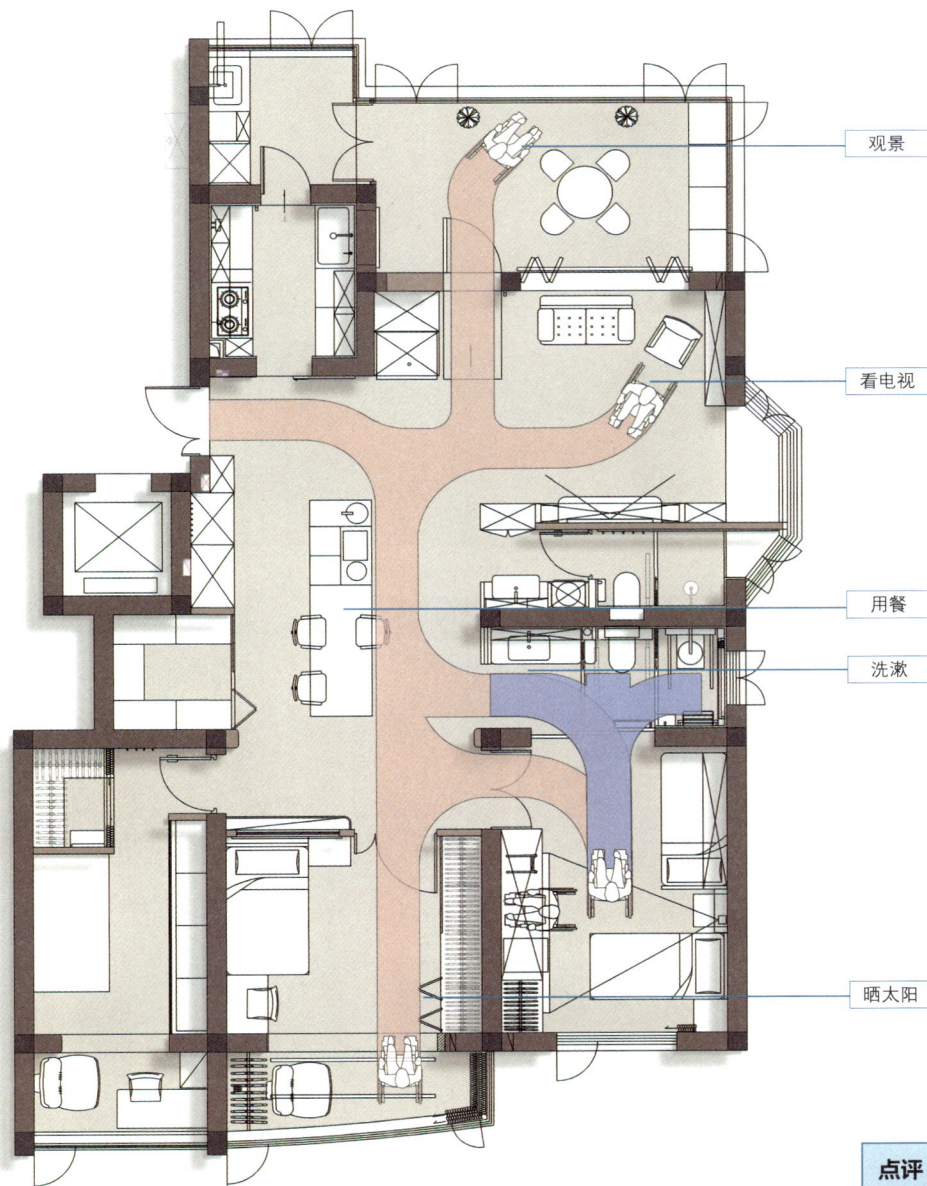

观景

看电视

用餐

洗漱

晒太阳

图 10　动线分析图

► **让妈妈走出自己的房间**

为妈妈设计专属动线，开拓妈妈的活动空间，提升宅家舒适度

　　由于妈妈患有渐冻症，行动不便，很少出门，大部分时间都是在家里待着。改造前，妈妈甚至从自己房间到其他房间都很不方便，因此常常被困在自己的卧室。

　　这次改造，特别设计了妈妈的专属动线，延长了妈妈的行动路线，开拓了其活动空间，增加了老人的宅家乐趣。妈妈不再被困于卧室，而是可以到餐厅吃下午茶、到客厅看电视剧、到阳光房浇花赏景，享受生活乐趣。

卫浴、餐厅等重点设计，妈妈可以自主活动

　　全屋地面做到平整无障碍，所有的通道和门都做了加宽，妈妈可以乘坐轮椅到家里的每一个空间。同时，对妈妈使用频率最高的几个空间动线，根据妈妈的身体状态做了定制化的细节设计，让她可以尽量自主活动，减少对护理人员的依赖，提升对生活的信心（图 10）。

点评
对患病的妈妈，做了许多针对性的细节设计，考虑十分到位，真有参考价值！

▶ 卧室不要像病房，而要温馨有序

①妈妈护理床的三面均留有操作空间，便于护理（图16）。

②预留护理人员的床位，设计可折叠护理床，预留床位的活动空间，给予妈妈更贴身的照护（图14）。

③增加收纳空间，结合护理器具停放位，让空间更整齐（图12、图13、图15）。

④提高卧室的舒适度和娱乐性，采用中央空调、电扇灯，设投影幕布（图11）。

图11 采用妈妈最喜爱的墨绿色为主色调，视觉上更加放松愉悦

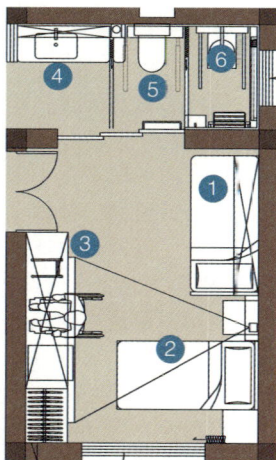

图12 定制多功能柜组

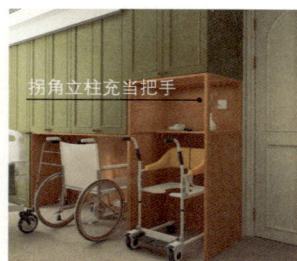

图13 为了收纳妈妈的大型器具，定制柜组预留停放位

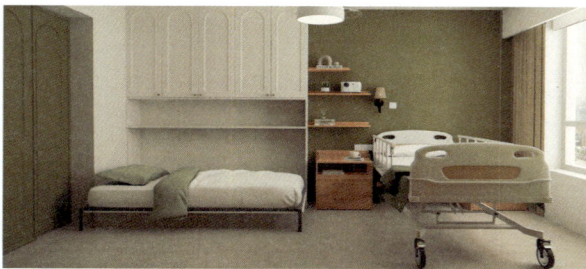

图16 妈妈房间平面图

1 折叠床
2 护理床
3 多功能柜组
4 盥洗池
5 壁挂坐便器
6 坐式淋浴器

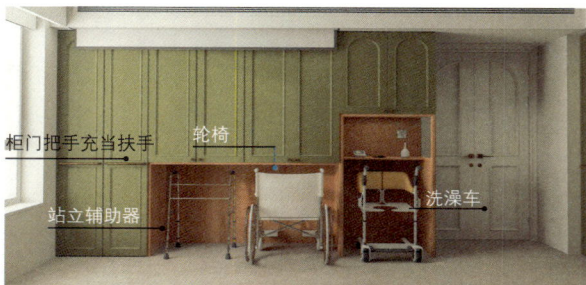

图14 护工的折叠床，在不使用的时候可收起，不占空间

图15 卫生间门洞最大化，采用移门，便于"倒车"入厕

► **安全是设计的第一要务**

点评①
让毛巾靠里位置略低不易被老人够到，可改设在水池挡板处外侧略高的位置上。

点评②③④
这几处扶手为老人的起立、行进提供了很好的助力作用。

点评⑤
洗脸池旁突出的矮柜处十分有用，方便老人从坐便器上起身时撑扶。

用于隔断的三联移门，关闭后形成一个私密空间

将镜柜下部用镜子做墙面，方便坐在轮椅上的妈妈也可以轻松看见自己的仪容

水池柜做一体台盆，下部柜体内凹，使妈妈的转椅推进去时也感到舒适，并且能够很轻易地拿到挂在此处的毛巾

为了提高沐浴舒适度，爸爸沐浴时使用坐式淋浴器，妈妈沐浴时将折叠淋浴器收起来，使用她专属的沐浴车

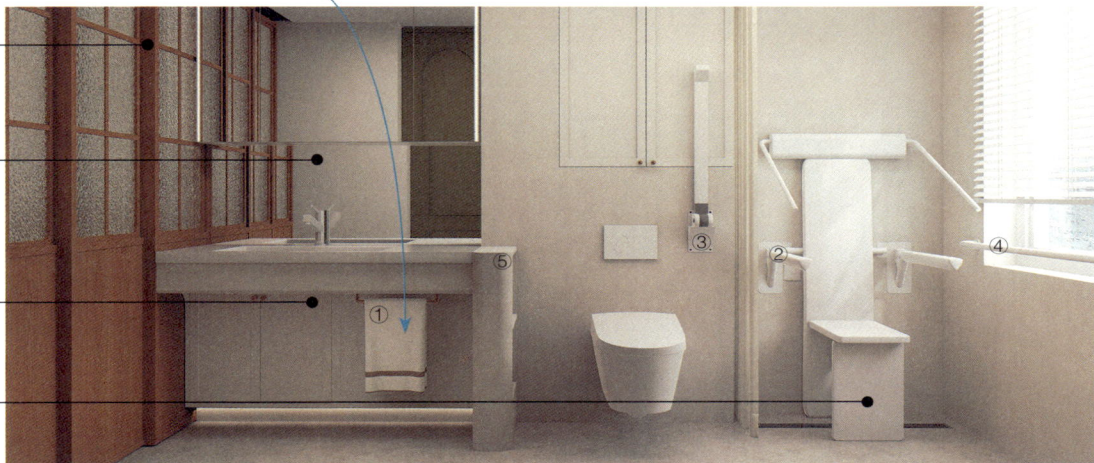

图 17　将盥洗区、坐便器区、淋浴区分开，提升家庭成员的生活便利度

卫浴空间

　　①妈妈房间紧邻卫生间，采用三扇推拉门来分隔空间（图 22）。

　　②将门扇开启范围最大化，便于日后妈妈使用如厕车时"倒车"进入方便（图 19～图 21）。

　　③一字形卫生间，洗漱区、如厕区、淋浴区功能分开，干湿分离（图 17、图 18）。

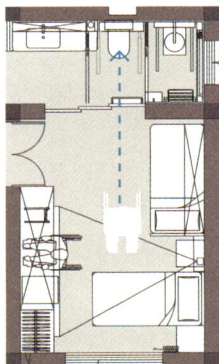

采用沐浴帘分割，沐浴时使用，出现情况可及时救护

坐便器前下翻扶手，方便妈妈扶着缓慢蹲下或站起

壁挂坐便器，方便地面清洁

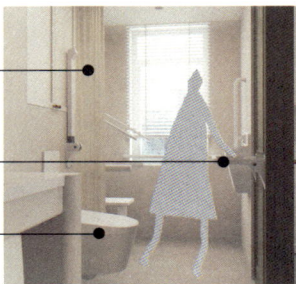

图 18　一字形卫生间，动线简单

低位洗手盆

图 19　低位洗手盆，便于如厕后使用

图 20　妈妈房间至卫生间"倒车"入厕示意图

图 21　上下翻扶手示意图

图 22　三联门关闭状态

▶ 陪护的家人也要住得舒服

客厅

全家人的家庭活动中心，与阳光房、餐厅紧密连接。可推着妈妈的专属定制带轮沙发进入阳光房或各个房间（图23～图26）。

爸爸卧室

紧挨着妈妈房间，既能随时留意妈妈的状态，又让爸爸有了独立的休息空间（图27、图28）。

柜门把手充当扶手

通往阳光房的无障碍坡道

妈妈专属带轮沙发

图23　起居室与露台连通增大了餐厅的采光面

可以推行的带轮沙发

图24　可在起居厅中休闲看电视

柜门把手充当扶手

图25　功能齐全的门厅、入户后可坐着换鞋

图26　客餐厅的岛台是全家人交流活动的中心，大家都在此处用餐、喝水、吃药

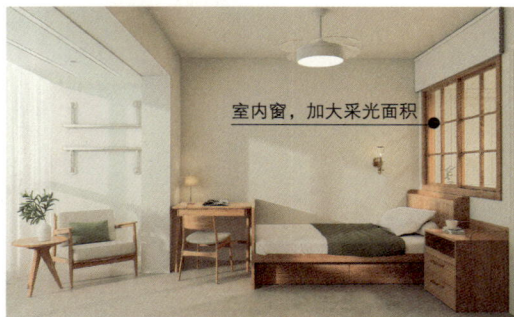

室内窗，加大采光面积

图27　爸爸房间功能齐全，可休息、看书、晒太阳

图28　爸爸的一字形衣柜，收纳充足

女儿卧室

衣帽间

图29　女儿既可以陪伴家人又可独立办公、休息

▶ 家具设计处处暗藏细节

岛台餐厅

图 30　餐桌岛台做了很多小巧思，例如留出轮椅停放位、设拐杖收纳口及抓扶扣手

图 31　低位微波炉示意图，下方为两个抽屉

图 32　低位咖啡水吧，全家人的喝水吃药点位

图 33　药品冰箱，收纳储存各类药品

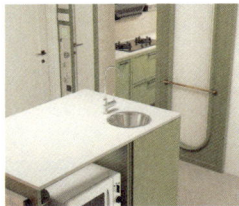

图 34　岛台角落安置了直饮水龙头＋小水槽

门厅穿鞋凳、穿衣镜

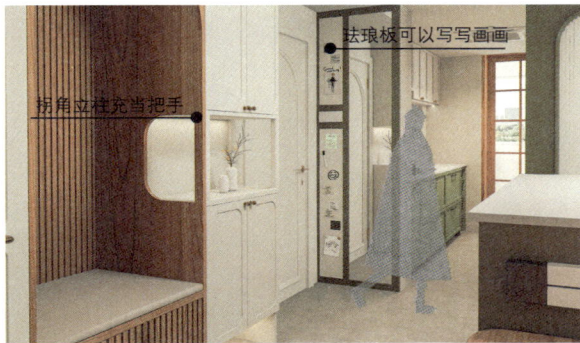

法琅板可以写写画画

拐角立柱充当把手

图 35　入户后门厅功能丰富，换鞋、放置物品等动作一气呵成

厨房

图 36　阳光房也是多功能空间，可以晒太阳、围坐喝茶、看书等

评委点评

　　渐冻症多年，全面照护爸爸妈妈的家，选题明确，适老化改造与实际生活联系密切，虽为方案设计，但很现实，方案落地并可实施。功能上根据老人与子女照顾的要求，重新改造使用空间，流线上方便、简洁实用，细节上各种老人设施配置到位，设计精细，在有限的空间内把老年人的生活安排得舒适安全，适老材料选择和氛围设计精致到位。

——北京市建筑设计研究院股份有限公司总建筑师　刘晓钟

三等奖

设计者：钱高洁、信子怡、田燕国、聂博闻、顾靖琨　　指导者：张冰雪

单 位：北京市建筑设计研究院股份有限公司、中国城市规划设计研究院

智享初老　渐进乐居
——基于渐进式生长理念的智慧适老化改造实践

扫描观看视频

▶ 面向初老老年人的渐进式改造理念

　　刚退休步入老年阶段的初老老年人，是居家适老化改造的一类重要对象。基于其年龄增长与身体机能衰退，适时适度开展适老化改造，为老年人创造有尊严的生活空间品质与感受（图1）。

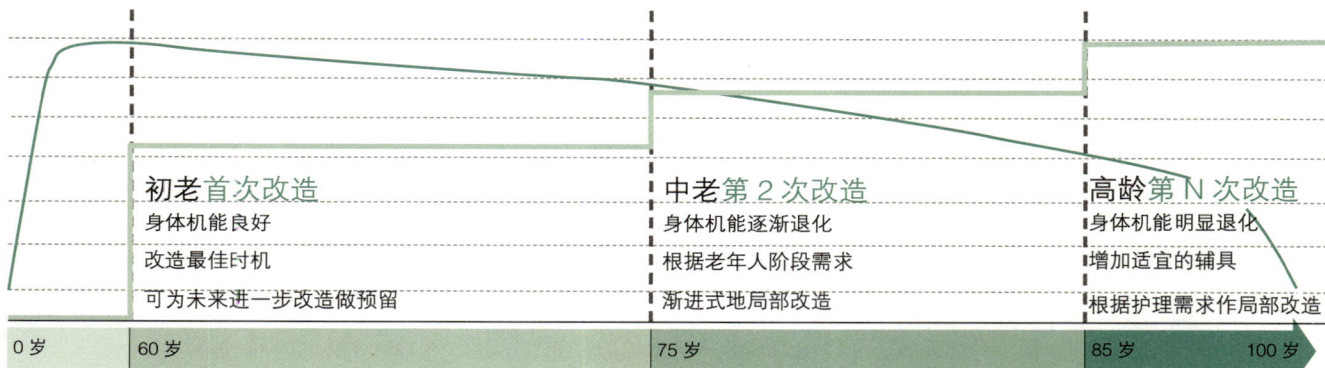

初老 **首次改造**
身体机能良好
改造最佳时机
可为未来进一步改造做预留

中老 **第2次改造**
身体机能逐渐退化
根据老年人阶段需求
渐进式地局部改造

高龄 **第N次改造**
身体机能明显退化
增加适宜的辅具
根据护理需求作局部改造

| 0岁 | 60岁 | 75岁 | 85岁 | 100岁 |

图1　人的年龄变化与居家适老化改造强度关系示意图

图例　━ 生理能力　━ 居家适老化改造强度

▶ 使用者基本情况

　　1. 两位业主为初老老年人，健康状况良好，可自理（图2、图3）；

　　2. 追求安全、便捷、舒适、温馨、有艺术感的居家生活；

　　3. 希望为未来可能的衰老及护理员的加入，提前预留改造空间（图4）。

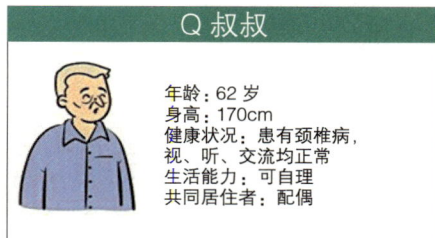

Q叔叔
年龄：62岁
身高：170cm
健康状况：患有颈椎病，视、听、交流均正常
生活能力：可自理
共同居住者：配偶

图2　男性使用者分析图

G阿姨
年龄：60岁
身高：165cm
健康状况：腿部静脉曲张，视、听、交流方便均正常
生活能力：可自理
共同居住者：配偶

图3　女性使用者分析图

▶ 房屋概况

　　1. 2022年建成于北京市大兴区，共2层。

　　2. 本次改造针对老年人主要活动的一层空间，面积为97m²。

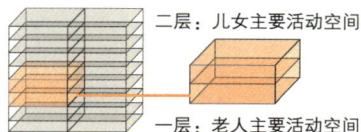

二层：儿女主要活动空间

一层：老人主要活动空间

两代同居 → 老年人独居 → 老年人+护理员

图4　使用者家庭人口变化图

卫生间淋浴房有高差,台盆过大,空间拥挤狭小

客厅卧室通道缺少外置洗漱台

洗衣区外露影响美观,洗衣用品存放空间不足

橱柜高度过高不易拿取

▶ 原户型问题与改造思路

1. 作为精装修交付房屋,原有设计及施工对老年人需求的考虑不足(图5)。

2. 在空间尺寸、家具家电配置等方面,开展适老化改造完善(图6、图7)。

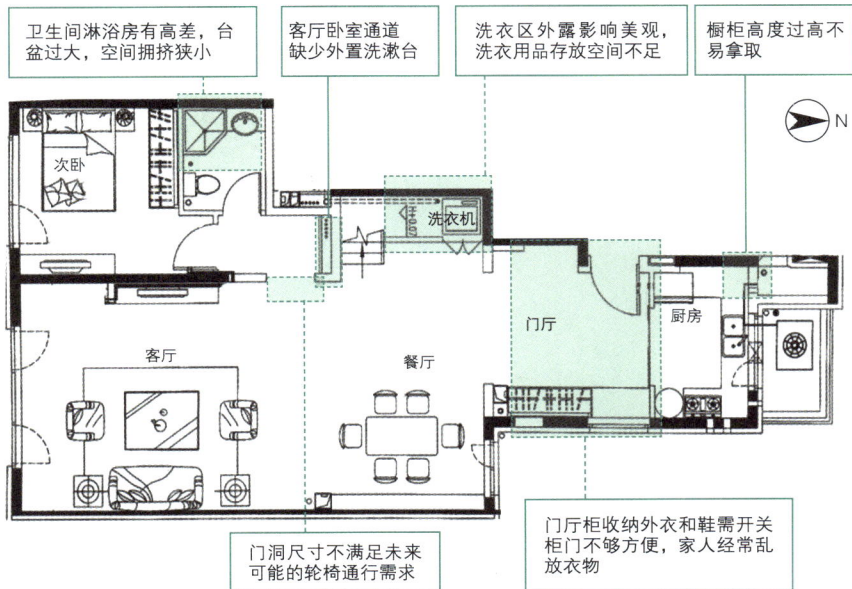

次卧

洗衣机

门厅

厨房

客厅

餐厅

门洞尺寸不满足未来可能的轮椅通行需求

门厅柜收纳外衣和鞋需开关柜门不够方便,家人经常乱放衣物

图5 改造前平面图

点评
储藏空间不大的情况下,建议只开一个门,以增加储藏容量。

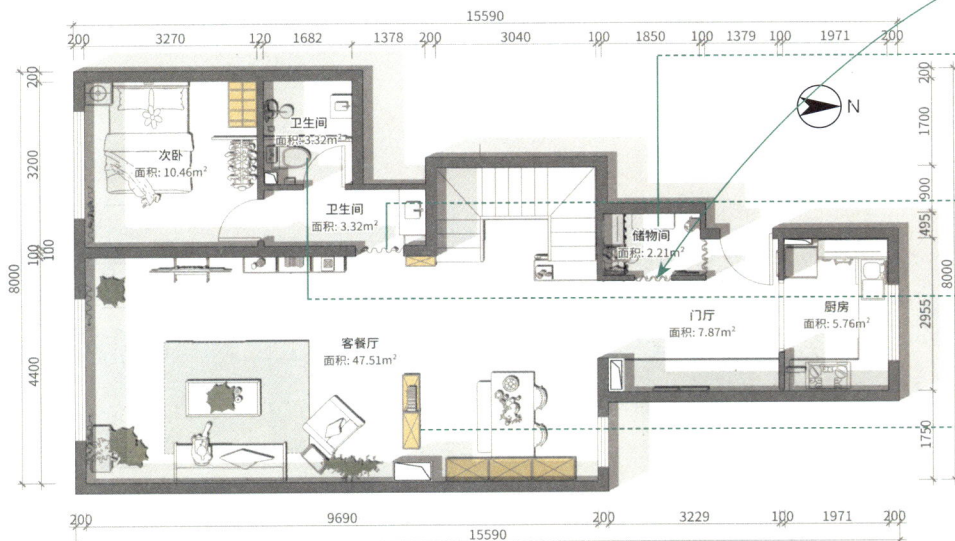

新增储藏间并设置双门洞可顺畅通行,提高了收纳能力

拓宽门洞,方便轮椅通行,适应未来需求

卫生间台盆外置,增大卫生间内使用空间。设淋浴区长条地漏,提升排水量;利用浴帘消除室内高差,在淋浴区及坐便器旁安装扶手

用适宜的家具代替扶手,打造连续可撑扶的家居环境

次卧
面积:10.46m²

卫生间
面积:3.32m²

卫生间
面积:3.32m²

储物间
面积:2.21m²

厨房
面积:5.76m²

客餐厅
面积:47.51m²

门厅
面积:7.87m²

图6 改造设计分析图

▶ 渐进式改造的整体要点

预留进一步改造空间：
预留轮椅动线、连续扶手墙面；
营造通透视线；
配置便于移动的家具，便于未来更换布局

预防可能出现的安全隐患：
通过全屋地面防滑，设置连续的扶手系统及消除地面高差等方式防止跌倒

预习熟悉舒适的智能生活：
利用智能照明、智能安防等，实现轻量家务高品质舒适生活

预设轻松的家务动线：
各功能区就近收纳，降低家务劳动强度

预埋新生活的记忆点：
强化装饰，保留居住者喜爱的老画、有感情的旧家具；与新空间建立记忆联系

图 7　整体改造要点分析轴测图

▶ 预留进一步改造空间

■ 矮柜
━ 无障碍扶手
•• 步行轨迹

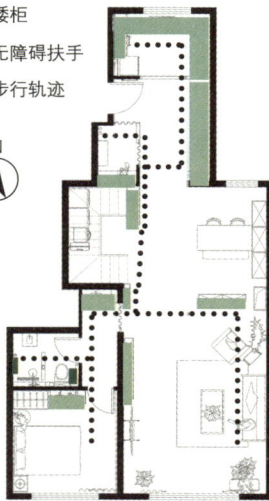

图 8　预留连续扶手空间

点评
楼梯下方小空间利用巧妙！

矮墙、矮柜、墙面组成连续扶手

门帘代替门，方便未来拆除顺畅通行

卫生间

客厅　　　餐厅

图 9　用矮墙及家具作为"隐形扶手"，预留未来安装扶手的墙面，提升居室的长期安全性

可调节角度的镜子，方便乘坐轮椅时使用

一体式珐琅板墙面，方便清洁、自由调整挂钩高度

底柜不承重，后期可拆除供轮椅使用

图10 预留未来轮椅使用可能性的浴室柜

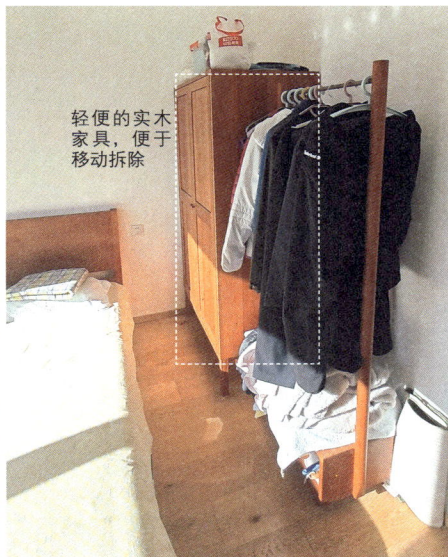

轻便的实木家具，便于移动拆除

图11 采用便于移动的家具，可根据未来护理需求灵活调整房间格局，如单床改双床

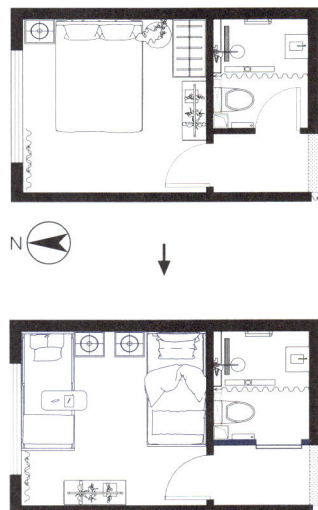

N

▶ 预防可能出现的安全隐患

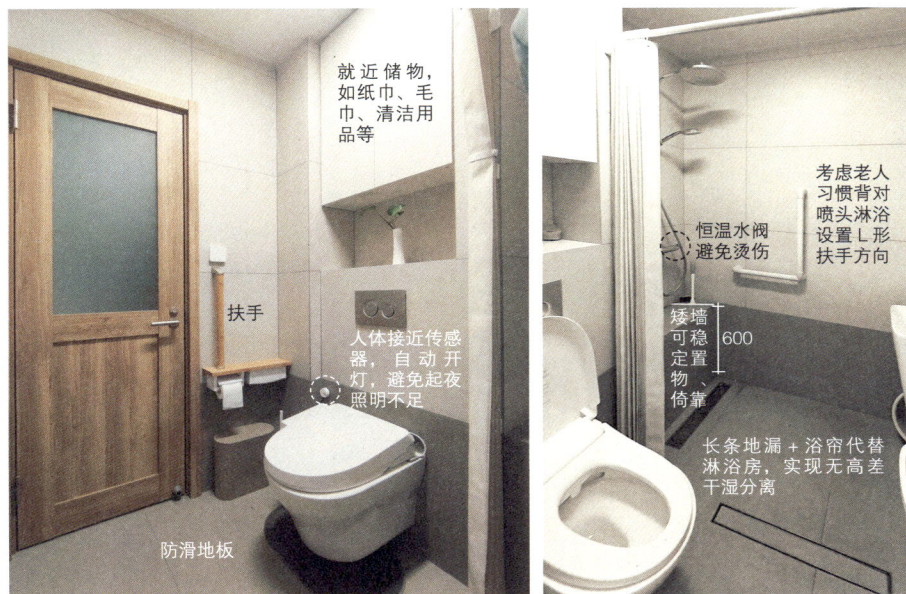

就近储物，如纸巾、毛巾、清洁用品等

扶手

人体接近传感器，自动开灯，避免起夜照明不足

防滑地板

恒温水阀避免烫伤

考虑老人习惯背对喷头淋浴设置L形扶手方向

矮墙可稳定置物、倚靠 600

长条地漏+浴帘代替淋浴房，实现无高差干湿分离

图12 卫生间硬装改造重点：消除高差、干湿分区、加装扶手，预防老人摔倒

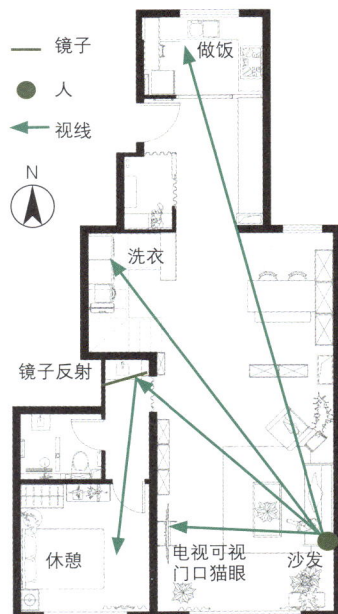

—— 镜子
● 人
← 视线

做饭

N

洗衣

镜子反射

休憩

电视可视门口猫眼

沙发

图13 坐在沙发上，视线可贯穿各空间，老人的情况一目了然，让人更加安心

▶ 预设轻松的家务动线

图 14　顺畅轻松省力的厨房家务动线

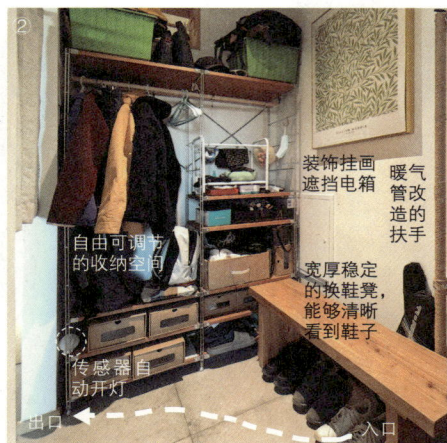

图 15　超强容乱性的独立空间，入户收纳轻松简单

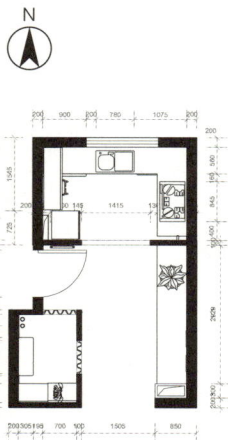

墙上龙头，方便蒸煮接水

洗　初洗　储　炒　拿

装饰挂画遮挡电箱

暖气管改造的扶手

自由可调节的收纳空间

宽厚稳定的换鞋凳，能够清晰看到鞋子

传感器自动开灯

出口　入口

▶ 预埋新生活的记忆点

居住者亲自制作的扎染门帘

挂画

工艺品展示区

工艺品展示区

有温度的家具

书籍、工艺品

图 16　在主要活动空间强化装饰，保留老画、有温度的老家具，增强屋主过往的记忆联系

▶ 预习熟悉舒适的智能生活

图 17　在初老阶段接受能力较强，提前学习适应智能安防、智能照明、智能环境调节等生活场景

评委点评

　　本方案符合不改变建筑结构的居家适老环境改造基本原则，从活力老年人预防跌倒适老环境的基础做起，为部分失能老年人、重度失能老年人和完全失能老年人的适老环境的改善做了潜伏设计，如：加装扶手、适老功能家具的置换、适老辅具应用等。该案例技术上做到了"水平零高差、垂直零距离"，适老环境智能化程度较高，达到了生活环境的重建要求，实现了适老环境的安全、便捷、舒适。

——北京康复辅助器具协会名誉会长　罗椅民

三等奖

设计者：熊晨晨、孙晴　　指导者：陈珊、张轶伟
单　位：深圳大学建筑与城市规划学院

其乐融融
——代际共享适老宅

扫描观看视频

▶ 设计背景

本方案选取深圳一套20世纪90年代的三居室户型，建筑面积为113m²。设定场景为三代同堂的家庭：爷爷为自理型老人，负责家中家务；奶奶为介助型老人，无法长时间站立，在家行走需借助拐杖，出门则需要使用轮椅。子女夫妇均为中年上班族，孙子正在上初中（图1）。

▶ 居住问题

1. 代际空间使用矛盾突出：公共区域在高峰时段，难以协调不同成员的需求，容易引发冲突。

2. 适老化部品缺失：房屋内缺乏适老化设施，如无障碍扶手、防滑地砖等，影响老年人的日常生活。

3. 多代人收纳空间严重不足：家庭成员较多，但现有收纳空间有限，无法满足三代同堂的日常需求。

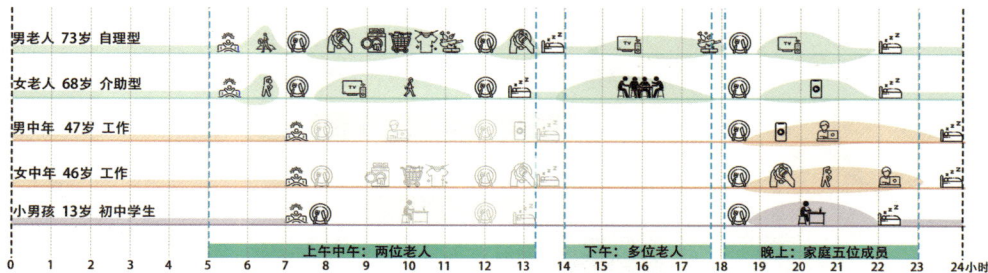

图1　居住者作息情况

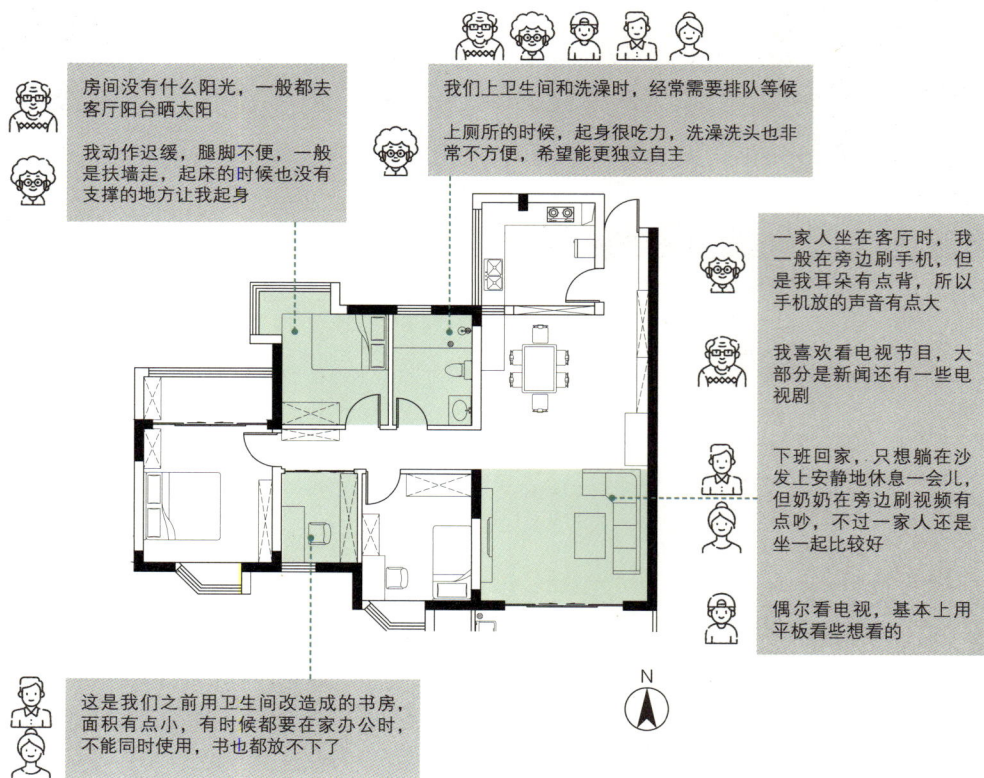

房间没有什么阳光，一般都去客厅阳台晒太阳

我动作迟缓，腿脚不便，一般是扶墙走，起床的时候也没有支撑的地方让我起身

我们上卫生间和洗澡时，经常需要排队等候

上厕所的时候，起身很吃力，洗澡洗头也非常不方便，希望能更独立自主

一家人坐在客厅时，我一般在旁边刷手机，但是我耳朵有点背，所以手机放的声音有点大

我喜欢看电视节目，大部分是新闻还有一些电视剧

下班回家，只想躺在沙发上安静地休息一会儿，但奶奶在旁边刷视频有点吵，不过一家人还是坐一起比较好

偶尔看电视，基本上用平板看些想看的

这是我们之前用卫生间改造成的书房，面积有点小，有时候都要在家办公时，不能同时使用，书也都放不下了

图2　原户型问题

▶ 改造策略

1. 集约布置客厅、餐厅、厨房，增设多功能空间，配置多功能家具，从而可以灵活转换多种生活场景，满足三代人的差异化需求。

2. 将老人房与儿童房位置对调，合并原有书房空间为老人居住区，增加收纳和手工活动空间，同时预留护理空间以应对未来老人需要护工的情况。

3. 扩大卫生间，实现干湿分离，即设置两个盥洗池、两个马桶间和一个淋浴间，缓解三代五口人的使用压力。

4. 在老人活动区域增设无障碍扶手，或利用家具作为辅助支撑，提高老人在家行走的安全性；同时预留轮椅通行距离。

5. 系统化收纳，采用贴墙布置储物柜的方式，充分利用储物空间（图3）。

由于儿童卧室小，将家具靠四周布置，使儿童活动空间最大化，床采用榻榻米增加收纳

1.5个卫生间，缓解家庭五口人使用压力

打通厨房，增强其采光通风；客厅、餐厅、厨房一体化布置，增进家庭成员间交流

墙面整体收纳，增加储藏空间，同时使家庭活动空间最大化

客厅、餐厅、厨房空间一体化，使其可分可合，灵活可变，满足家庭不同成员需求

点评
将原户型仅有的一个卫生间扩大，做了双厕位，对多口之家的使用十分有利！

点评
老人房旁边配一个多功能小空间，给老人的生活带来很多便利和灵活性。

将阳台纳入主卧，增设阅读空间，可用于办公

老人房套间，空间大、通风采光好，考虑了未来需要护工时的空间可变性，设计了双回游动线，可满足轮椅通行

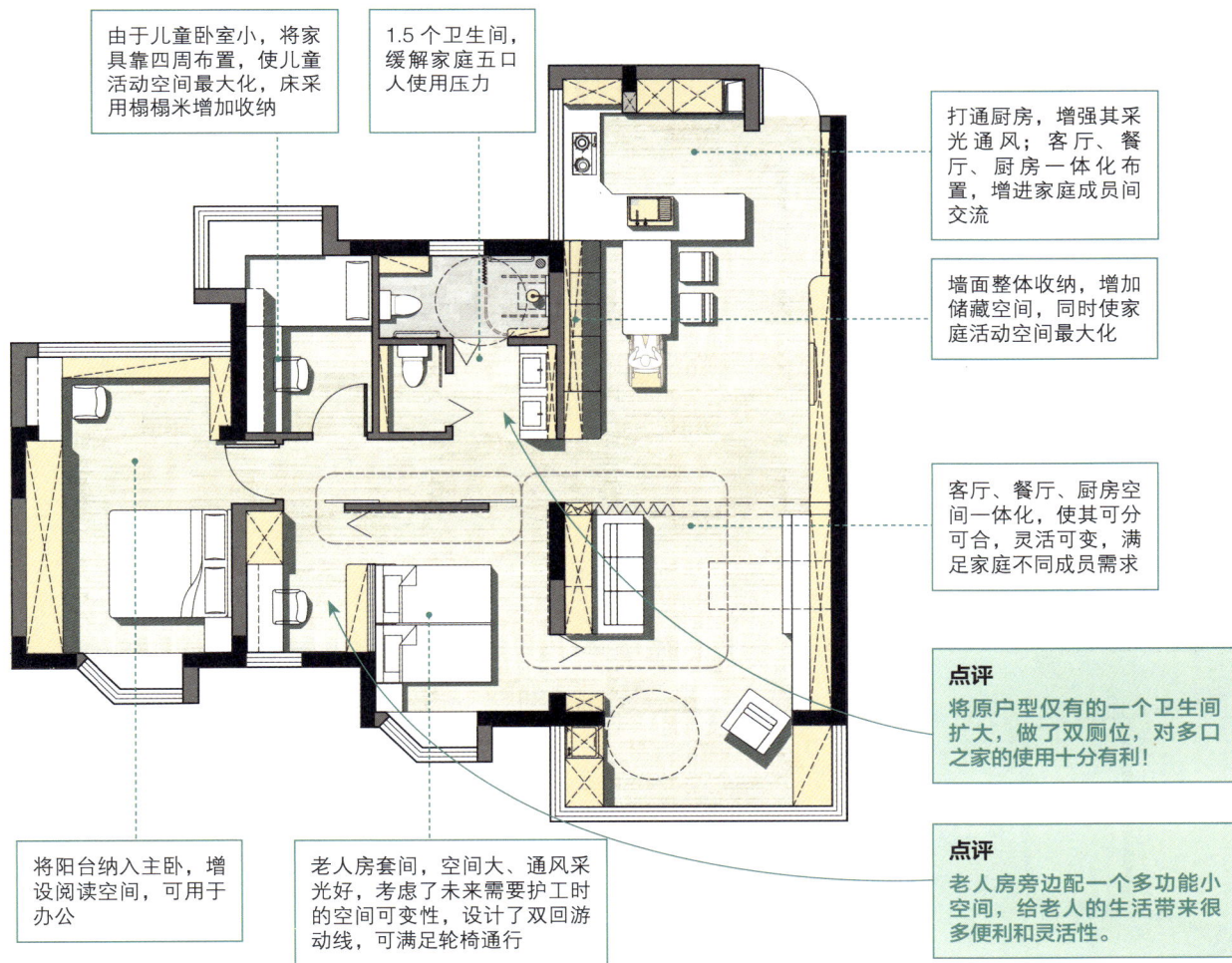

图3　改造后户型

▶ "客、餐、厨"一体空间可分可合，缓解有限公共空间下三代人不同需求的矛盾

集约布置客厅、餐厅、厨房，增设多功能空间。采用可变型家具，当其收起来时，扩大的多功能空间可用于老人锻炼、小孩玩耍；当其展开时，可作为子女夫妇的办公及孙子的学习空间（图4～图7）。

图4 旋转书桌收起时场景

图5 旋转书桌展开时场景

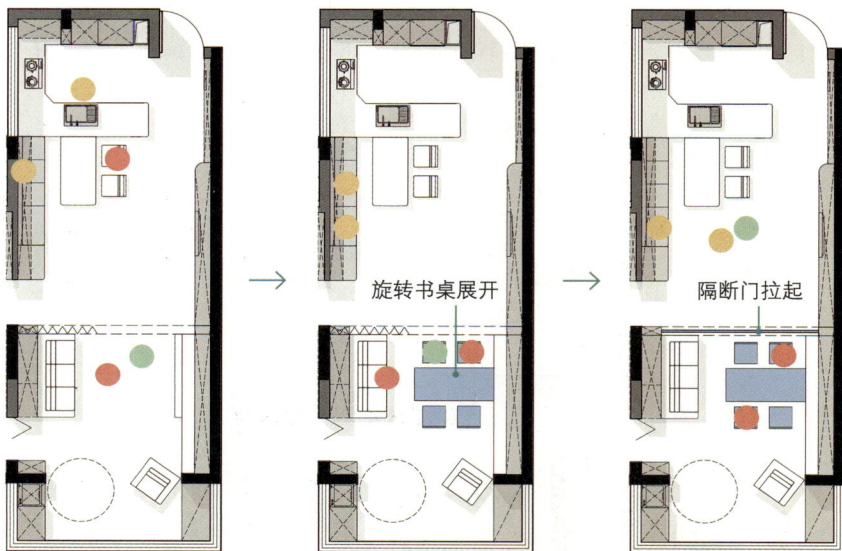

旋转书桌展开

隔断门拉起

● 老人
● 中年
● 小孩

场景一：用餐时间，男性老年人做饭，女性老年人与女主人帮忙打下手，男主人陪孩子玩耍

场景二：老年夫妇看电视或上网，老年夫妇陪小孩做手工或辅导其学习

场景三：老年夫妇陪孩子玩耍、看电视，男女主人关上门办公

图6 全家人在家时，不同需求下场景

静 动

智能升降晾衣杆
年轻人坐的软沙发
模块化可变家具
隐藏推拉门

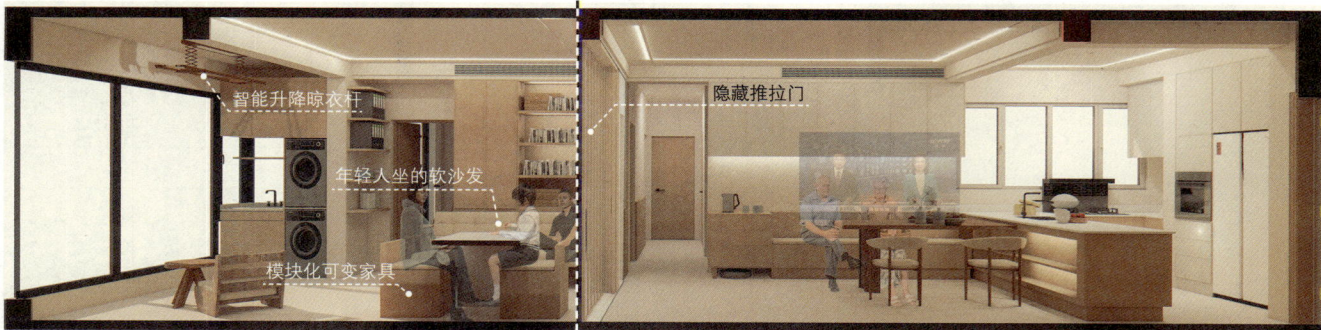

图7 动静分离，不同需求的三代人在同一空间下但互不干扰（"客、餐、厨"一体空间剖透视图）

餐厅、厨房、门厅空间

1. 拆除原有非承重墙体，引入采光，使得整体空间更宽敞，视线无遮挡。

2. 由于门厅空间较窄，采用洞洞板收纳并设置折叠换鞋凳。

3. 厨房采用 U 形布局，洗切炒动线缩短且流畅，洗碗槽朝向客餐厅，便于男老人做饭时与家人互动（图 8）。

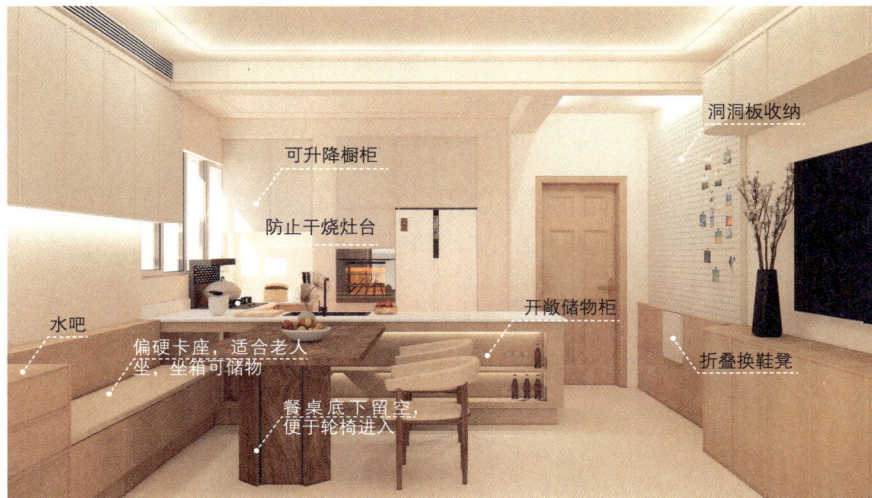

可升降橱柜
洞洞板收纳
防止干烧灶台
开敞储物柜
水吧
折叠换鞋凳
偏硬卡座，适合老人坐，坐箱可储物
餐桌底下留空，便于轮椅进入

图 8　餐厨、门厅透视

卫生间

1. 优化布局：扩大卫生间，取消内外高差，做干湿分离设计（图 9）。

2. 适老化部品：坐便器和洗浴处均设置了无障碍扶手，便于老人使用；浴室配备了高位花洒和低位花洒，分别满足年轻人和需要坐浴的老人的需求；两个盥洗池其中一个下方未设储物柜，便于老人坐着洗漱，同时预留空间以应对未来使用轮椅的情况（图 10）。

3. 智能化设备：选用智能马桶，具备自动调节高度功能，帮助老人起身；配备恒温坐浴器，满足老人的独立洗浴需求（图 11）。

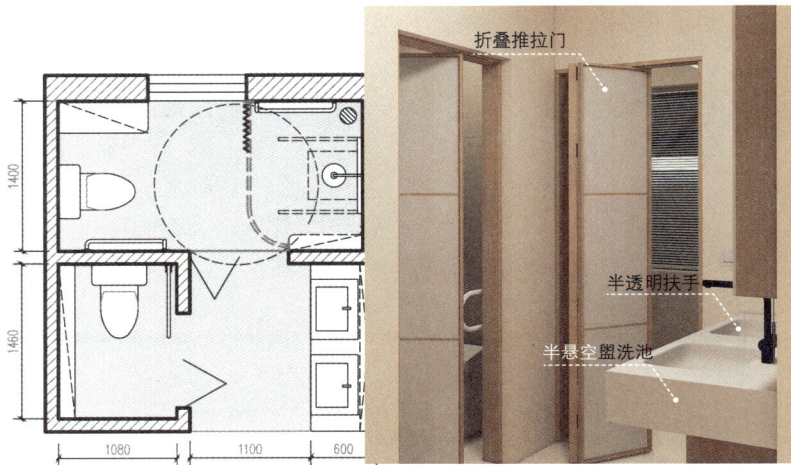

折叠推拉门
半透明扶手
半悬空盥洗池

1400
1460
1080　1100　600

图 9　卫生间改造平面图
图 10　盥洗区

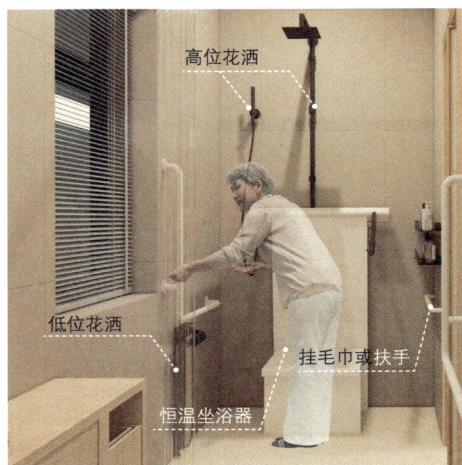

高位花洒
低位花洒
挂毛巾或扶手
恒温坐浴器

图 11　浴室

▶ 卧室的适老性设计

1. 空间优化：由于卧室较小，将原户型中的书房空间纳入卧室，增加老人卧室的收纳和手工空间，用透明玻璃隔断分隔手工区与睡眠区，使两位老人即使在不同区域也能相互看见。

2. 独立单人床：两位老人同室分床而睡，床的两侧均可下床，互不影响，便于男性老人照顾女性老人。

3. 回游路线：卧室在摆放完必备家具后，剩余空间无法满足轮椅回转，因此设计了双回游路径，以应对未来可能的轮椅通行需求。

4. 适老化部品：配置带有扶手的床和椅子，以及可供支撑的墙裙等设施，使老人行动方便。

5. 门的选择：采用推拉门和折叠推拉门，减少门对室内空间的占用。

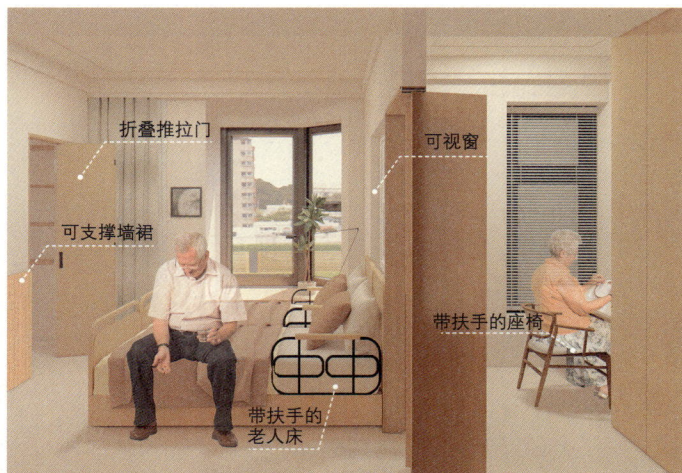

图 12　老人卧室剖透视图

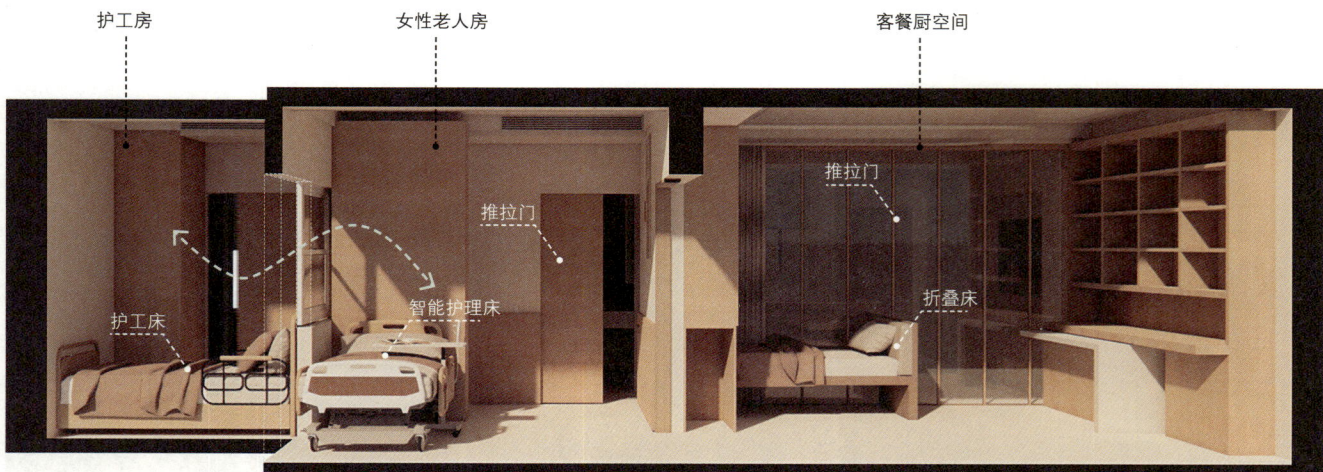

图 13　可变场景示意图（老人卧室与"客、餐、厨"空间剖透视图）

▶ 卧室的可变性

考虑到老人未来会发生的身体变化，卧室空间要留有改变余地。例如：将卧室的手工、收纳空间改造成睡眠区，供两位老人分室就寝；客厅储物柜设计成隐形抽拉折叠床，抽出展开时可作为护工的休息区域；当小孩外出不常在家时，将小孩卧室改为男性老人卧室（图14）。

- 🟡 女性老人
- 🔴 男性老人
- 🟢 护工
- ⬜ 老人卧室区域

场景1：当两位老人分室居住时，要能相互照看

场景2：当女性老人需要护工时，护工可睡在客厅

场景3：当小孩不在家居住时，护工可睡在书房，能同时照看两位老人

图14　不同使用场景

评委点评

　　该作品套内设计灵活多变，有很多亮点。在空间布局上，卧室与起居厅之间通过回游动线相连，使得老年人的行动流畅自如。分设有两个坐便器的组合卫生间巧妙地缓解了中小户型卫生间在高峰期的使用压力。厨房开敞化，水池与餐桌采用"对面式"布局，有效促进了家庭成员间的交流。主卧调整床的方向，便于床尾一侧进行充足收纳。

　　设计考虑兼顾家庭成员关系，特别为孩子的学习提供了多样化的空间选择，包括客厅、餐厅、儿童卧室几处，既可帮助孩子独立学习，又方便老年人随时关注与陪伴孙辈。

　　整体而言，该作品对于一套常见的三居套型进行了全面的精细化设计，于平常处见创意，体现了学生对多代同堂家庭生活的深刻理解。

——清华大学建筑学院教授、博士生导师　周燕珉

设计者：孟庆凯、金元、裴福新、王艳丽、张全金　　指导者：张立建

单　位：山东华科规划建筑设计有限公司

三等奖

家·居无忧
——居家适老化改造设计

扫描观看视频

► 居住者情况

1. 户型区位：山东省聊城市东昌府区；

2. 户型信息：建筑面积 $107m^2$，套型结构为三室两厅一厨一卫；

3. 户主信息：刘先生年龄 60+，退休后一直独自居住，儿子在外地工作，由于工作繁忙，只有节假日会回家探望老人；老人性格外向开朗，平时喜好与朋友喝茶聊天，偶尔也会和朋友一起在家聚餐，闲时喜欢看书，练习书法。

► 居住问题

卫生间没有完全干湿分离，坐便器旁边地面经常存在积水情况，卫生间地面有门槛，使用起来非常不方便

空间走道狭长，空间光线昏暗，不开灯时看不清路面

家中卧室太多用不了，但是缺少专门喝茶、看书的地方

由于厨房封闭，老人做饭时经常听不见家人叫他，更缺少与家人的交流互动，且收纳空间不足

餐厅两面为实墙，吃饭聚餐时靠墙一侧非常不方便进出，同时除了餐桌之外没有其他摆放用品的地方，很不方便

客厅布置家具后，空间很小，除了看电视做不了其他活动，去阳台晾衣服有时候还会碰到茶几

图 1　原户型平面图

► 改造诉求

1. 优化空间布局，增加餐厨空间的互动性，提升卫生间使用的舒适性；

2. 满足娱乐需求，在客厅增加娱乐空间的同时，确保交通空间可供轮椅顺畅通行；

3. 规划未来养老生活，增添隐藏式的适老化设计细节。

▶ 改造设计思路分析

拆除原有户型的局部隔墙，以保证视线通透，方便随时观察老人的活动状况（图2）。

1. 将餐厨空间打通，不仅提升了烹饪就餐时的互动性，还使室内空间更加开阔；同时，扩大卫生间，并设置隐藏式折叠门，为老人的日常使用提供了更多便利。

2. 把南次卧与客厅打通，为老人打造专属的娱乐空间；为主卧定制适老化家具定制设计，并预留出轮椅通行、回转的空间，隔墙设置观察窗，全方位保障老人的生活与安全。

餐厨空间与门厅空间结合，使家人在不同空间也能随时交流

主卧空间更加宽敞，更利于老人活动，墙面设置观察窗，保障老人安全

图2　改造后平面图及设计分析图

开放式厨房

门厅

餐厅

1200mm

卫生间原墙体位置

次卧原墙体拆除

观察窗

子女房

老人房

娱乐空间

客厅

休闲阳台

客厅视线通透，与娱乐空间形成互动

南次卧改造成开敞娱乐空间，缩短了狭长走道带来的不适，加强了与客厅的联系也能实时观察老人房的情况

点评
卫生间与娱乐空间适当放大很有必要，使功能性空间更加强大。

115

▶ 公共区域通行分析

室内通行空间的设计主要考虑两个方面（图3）：

1. 通行顺畅，避免室内高差或家具摆放不当造成阻碍；
2. 视线通畅，减少视线通路上的家具遮挡。

图3　客厅区域通行宽度分析图

▶ 公共区域视线分析

户内空间打通之后，视线范围从厨房延伸至阳台及娱乐区，涵盖整个动区生活空间，室内采光效果也得到了显著提升（图5）。

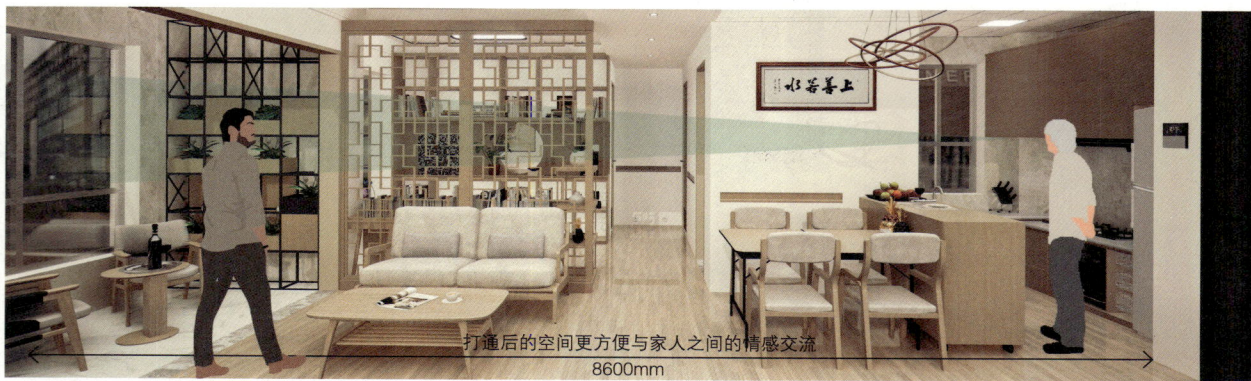

图5　南北轴线剖视图

▶ 公共区域开放式设计

老人一天中的大多数时间都在客厅度过，喝茶、看电视是老人的日常爱好，因此，尽量拓宽公共区域，能让老人随时休闲娱乐。

在设计客厅时，保证通行空间足够大、视线畅通无阻，不仅能让老人心情愉悦，还能提升空间的舒适感（图4）。

在阳台忙碌也能与家人随时交流
图4　从阳台位置可以直接看到厨房

▶ 公共区域细节分析

　　休闲空间与娱乐空间采用木质格栅进行分隔，既能有效划分区域，又能保证视线具有良好的穿透性；家具设计遵循轻便、可移动的原则；在娱乐空间结合水吧台设置开敞式收纳柜，方便老人放置常用物品；在与卧室之间的隔墙上设置观察窗，以便在后期陪护阶段能随时观察老人的身体状况（图6、图7）。

休闲空间

娱乐空间

家具选用轻质木材，下部带滚轮方便移动

开敞式收纳，老人更易拿取物品

图6　东西轴线剖视图

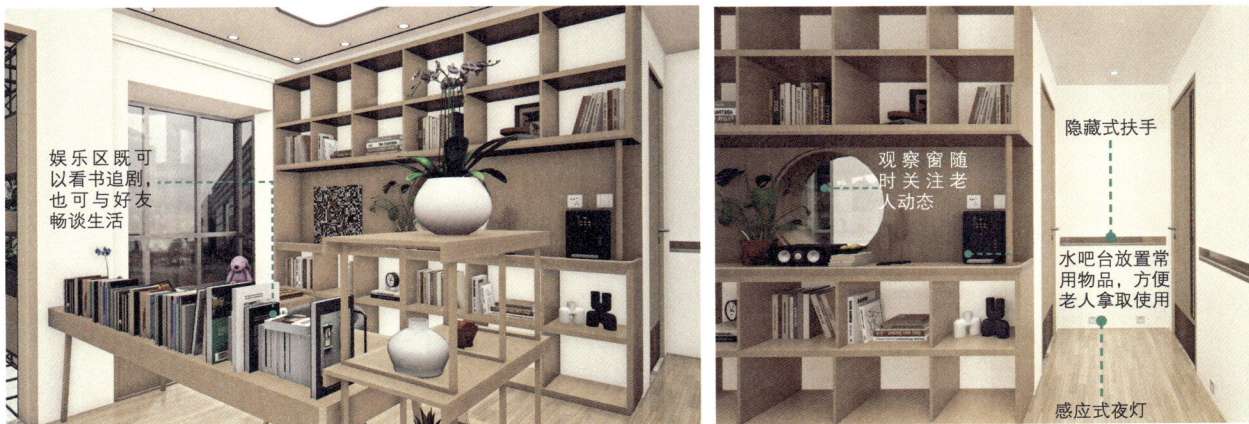

娱乐区既可以看书追剧，也可与好友畅谈生活

观察窗随时关注老人动态

隐藏式扶手

水吧台放置常用物品，方便老人拿取使用

感应式夜灯

图7　娱乐区效果图

门厅

在门厅区域，依据老人身高对门厅尺度进行精细化设计。精确准换鞋凳高度、底部换鞋深度，以及隐藏式扶手高度，有效规避因使用不便而可能引发的安全隐患（图8）。

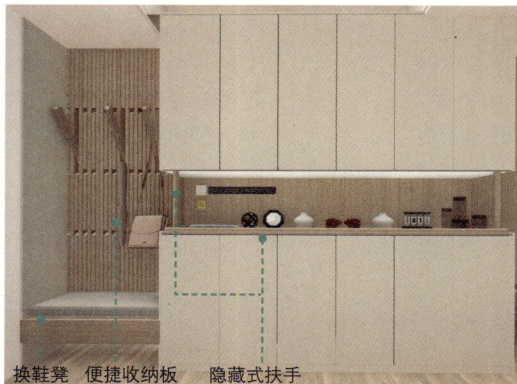

厨房

厨房依照老人的体型及生活习惯，定制适合老人使用操作台及收纳系统，以此减少老人烹饪时因频繁弯腰而造成的身体损伤（图9）。

卫生间

扩大卫生间，实现彻底的三分离设计。

干湿区的地面保持平齐，可有效降低老人被绊倒的风险，同时也为后期使用轮椅提供了便利。

洗漱台的台面设置隐藏式扶手，台面下方留空，预留乘坐轮椅时放置双腿的空间。

淋浴间和马桶间内安装扶手、浴室凳及报警装置（图10）。

> **点评**
> 固定的折叠浴凳不宜放在淋浴喷头的下方，老人坐在凳上不方便拿取喷头，且头容易碰到开关。另外竖向扶手离身体过近，坐姿时不便使用。

换鞋凳　便捷收纳板　隐藏式扶手

图8　门厅细节分析图

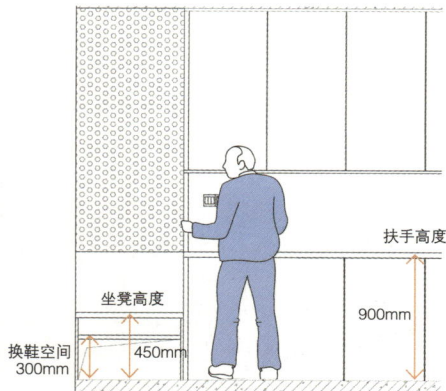

扶手高度　900mm　坐凳高度　换鞋空间 300mm　450mm

操作台采用高低台设计，减少老人弯腰　设置按压开关，方便老人取物　开敞式置物架，方便老人取拿常用物品

图9　厨房细节分析图

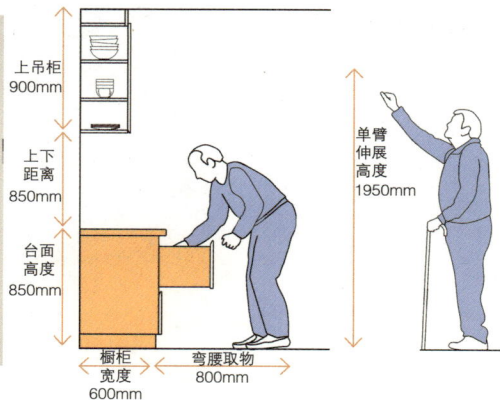

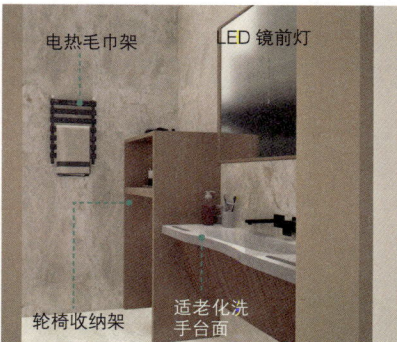

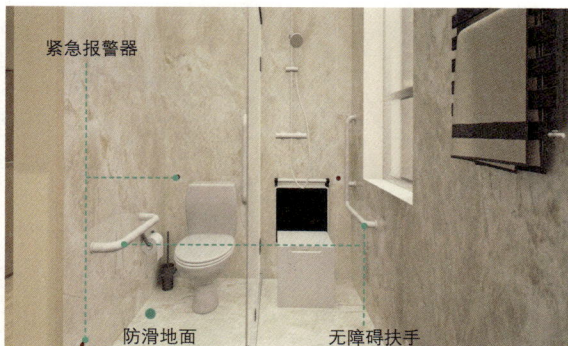

上吊柜 900mm　上下距离 850mm　台面高度 850mm　橱柜宽度 600mm　弯腰取物 800mm　单臂伸展高度 1950mm

电热毛巾架　LED 镜前灯　轮椅收纳架　适老化洗手台面　紧急报警器　防滑地面　无障碍扶手

图10　卫生间细节分析图

▶ 客厅、卧室可变设计

考虑到后期老人的身体情况逐渐衰弱，在客厅预留了可以放置按摩椅的空间，阳台区域则可用来放置健身器材，满足老人日常按摩及锻炼的需求。同时，在娱乐区预留了可改造成陪护房的空间，后期能够灵活改造成供陪护人员休息的区域（图11～图14）。

阳台休闲空间   客厅会客空间

图 11 客厅自理阶段效果图

兴趣娱乐空间   休闲卡座

图 12 娱乐区自理阶段效果图

适老化健身器材   理疗按摩椅

图 13 客厅陪护阶段效果图

陪护沙发床   茶饮休憩区

图 14 娱乐区陪护阶段效果图

评委点评

通过作品可以看出设计师对于适老化知识进行了认真学习和积极思考，如将厨餐空间连通，使客厅、卧室视线通透，入口处设置带有撑扶条件的换鞋凳等，都方便了老年人的日常生活。另外，该作品的展示视频制作认真，表达效果较好，展现了设计师对于适老设计的理解和用心。

此作品也在全屋智能化设计、适老家具方面进行了考虑，有机会还可对老年人特殊的身心需求进行更加细致的调研，以使得作品的针对性进一步加强，更好地服务于目标用户群体。

——清华大学建筑学院教授、博士生导师　周燕珉

设计者：曹薇、王凡、魏建华、闫红曦、韩宇婷、张蕊
单　位：建设综合勘察研究设计院有限公司

自在家
——与所爱在一起，更自在地老去生活

扫描观看视频

▶ 住户画像

1. 基本情况：女，年龄86岁，爱唱歌，每周有合唱团排练；

2. 身体状况：生活自理；

3. 家庭结构：丈夫去世，儿女均在国外生活；

4. 照料情况：女儿每年回国1个月陪伴，夜间有保姆在次卧室陪护（图1）。

奶奶说：**合唱**队有演出任务时，会到我家练习唱歌，有七八个人，还有弹琴的老师。
·设计解读：需合唱训练空间

奶奶说：我是个**怀旧**的人，家里有好多跟着我搬家很多次的家具。
·设计解读：保留部分家具

奶奶说：女儿现在**回来没地方住**，今年夏天就住在外面了。
·设计解读：考虑家人临时居住需要

奶奶说：这院子里的柿子树、山植树，每年都为**浇水发愁**，可麻烦了。
·设计解读：增加水点

奶奶说：客厅里冬天**太冷**，我冬天会给门洞拉个帘，给暖气罩取下来还找人给墙上的暖气罩打了几个洞。
·设计解读：提升室温

奶奶说：客厅墙上都是**孙子画的**，以前爷爷让他们乱画的，我不喜欢粉刷得雪白雪白的，好像家里很冷清，没有意思，画在感觉他们还在。
·设计解读：保留墙壁的画

图1　老人居住需求解读

▶ 住房现状

住宅为两室两厅，砖混结构，套内使用面积76.8m²。

1. 安全性问题：地面有高差、光线暗、视线封闭；

2. 功能性问题：门厅狭小、冬天不暖、卫生间使用不便；

3. 便捷性问题：冰箱距离厨房远、浇灌花园取水远、烧水喝水需用厨房暖瓶等（图2）。

▶ 改造需求

虽然孤独到也自在，不想去养老院；希望通过空间改造，维持自立的生活；保留孙儿们幼时墙上的涂鸦画作，犹如他们还在陪伴……

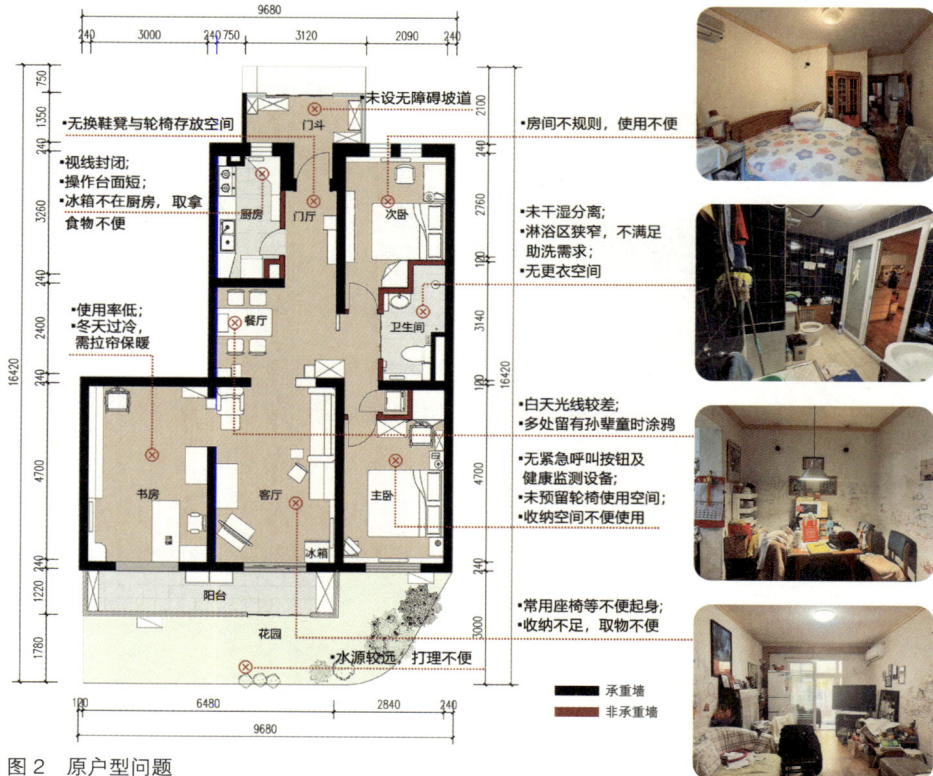

- 无换鞋凳与轮椅存放空间
- 视线封闭
- 操作台面短
- 冰箱不在厨房，取拿食物不便
- 使用率低
- 冬天过冷，需拉帘保暖

未设无障碍坡道

房间不规则，使用不便

未干湿分离；淋浴区狭窄，不满足助洗需求；无更衣空间

白天光线较差；多处留有孙辈童时涂鸦

无紧急呼叫按钮及健康监测设备；未预留轮椅使用空间；收纳空间不便使用

常用座椅等不便起身；收纳不足，取物不便

水源较远，打理不便

门斗　厨房　门厅　次卧　餐厅　卫生间　书房　客厅　主卧　冰箱　阳台　花园

■ 承重墙
■ 非承重墙

图2　原户型问题

▶ 以"自在"为核心，优化生活空间

我们非常欣赏并尊重奶奶的独立精神，围绕奶奶的生活习惯和场景，打造一个安全、舒适、自在的生活环境。

▶ 聚焦"银发→关护"转换，预留护理条件

关注奶奶未来可能的护理需求，设计灵活可转换的空间，为护理和康复预留设施条件（图3、图4）。

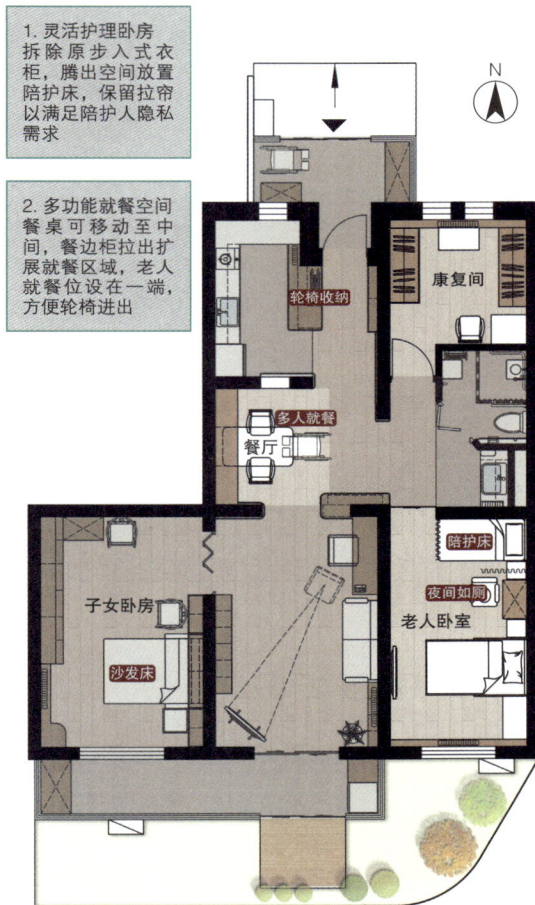

空间布局优化 ❶
在建筑结构限制下，满足不同时期的适老需求。通过拆除部分非承重墙及开小洞口等手法来优化空间布局

空间布局优化 ❷
通过优化入口空间、连通厨房与餐厅、扩大老人卧室、实现卫生间干湿分离，打造四个关键空间

1. 灵活护理卧房
拆除原步入式衣柜，腾出空间放置陪护床，保留拉帘以满足陪护人隐私需求

2. 多功能就餐空间
餐桌可移动至中间，餐边柜拉出扩展就餐区域，老人就餐位设在一端，方便轮椅进出

聚会排练模式

厨房　门斗　门厅　陪护卧房

餐厅　卫生间

客厅　合唱排练　起居室　读　观　步入式衣柜　老人卧室

阳台　晾晒　洗衣　取水浇灌　户外平台

轮椅收纳　康复间

多人就餐　餐厅

子女卧房　沙发床　陪护床　夜间如厕　老人卧室

图 3　银发时期平面图

图 4　关护时期平面图

自在生活场景 ❶
自在"水自由"家政动线：居室中心设置管线直饮机和洗手盆，方便奶奶随时取水；花园果树就地浇灌，洗衣晾晒零动线，减少不必要走动

自在生活场景 ❷
自在"节能"待客客厅；封堵洞口增设窗户，提升冬季保暖性；设置保温折叠门，冬夏季节既节能，又可灵活转换为待客空间或独立卧室

自在生活场景 ❸
自在"宅家追剧"；奶奶的起居生活中观看电视时间最长。对角线布置电视，设置观看座椅，可弹性调整视距；搭配书桌及置物台，满足喝水、接打电话、记看歌谱等需求

3. 护理康复空间
陪护卧房可改造为康复间，放置医疗康复器具，兼顾日常用品存储，满足康复与生活综合需求

4. 便捷的洗漱与如厕空间
洗漱区要便于护理人协助，卫生间设计45°轮椅进入通道，提升如厕洗浴的自由度

点评
将原来封闭的厨房打开一部分，与门厅、餐厅加强联系，使空间灵动、视线通畅，家人间更易交流。

▶ 关照情感需求，保留家庭记忆与社交空间

感知并关照奶奶独居的情感需求，设计中着力保留家庭成员的过往印记，让奶奶时时可以回忆，与她的"所爱"在一起（图5、图6）。

保留孙儿们幼时墙上涂鸦画作，犹如他们还在陪伴

保留涂鸦

起居室设家庭照片墙

保留涂鸦

图5 涂鸦保留区域

保留涂鸦

两位孙儿幼时在墙上的涂鸦，奶奶一直没舍得涂刷抹去，它总是能唤起回忆，仿佛那温馨嬉闹的时光就在眼前；

还有爷爷祭日孙儿给爷爷在墙上的留言，深厚的感情仿佛一直在流淌着……

方式：
1. 采用画框完整保留涂鸦。
2. 家具作格架处理预留涂鸦背景，使二者有机结合。

保留展示柜

尽可能保留原适用家具。

保留原餐桌

图6 家具保留示意图

为每年归家1个月的女儿准备卧室

老家具

为歌友安排合唱排练空间

保留老家具

老家具是不同时代留下的，有奶奶的儿女居住时购置的，有孙儿们来时添置的，老家具里带着那些故事，那些人和回忆。

方式：
保留部分适用美观的家具，与新的家具有机搭配，使风格协调。

图7 入口门厅

图中标注：
- 洞口传递菜品视线通畅
- 多功能岛台
- 扶手
- 中心岛台可放置物品
- 折叠换鞋凳

图8 门厅换鞋及起身扶手

▶ **优化入口空间**

打通厨房与入口门厅，设置入口岛台作为归家物品临时存放台面。提供轮椅存放空间及折叠换鞋座椅。

改为开放式设计后，门厅和厨房空间更加开阔明亮，便于老人进出及日常活动（图7、图8）。

▶ **连通厨房与餐厅，打通餐厅空间视线**

在厨房与餐厅之间的隔墙上开窗洞，老人独立生活时可通过窗洞直接传递菜品到餐桌上。

同时打通厨房到餐厅、起居室的视线通道，陪护人可随时查看老人状态。

▶ 打造省力餐厨

利用岛台和转折墙加长操作台面，将冰箱移入厨房；

充分考虑独居老人备餐需求：灶台设一个灶眼，为烹饪电器设置操作台面和电源插座；

设置中柜、活动置物架，考虑轮椅回转空间（图9、图10）。

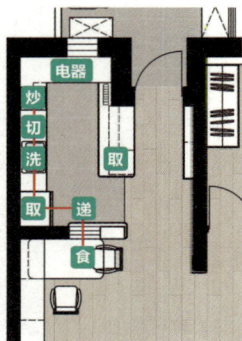

图9　厨房平面图

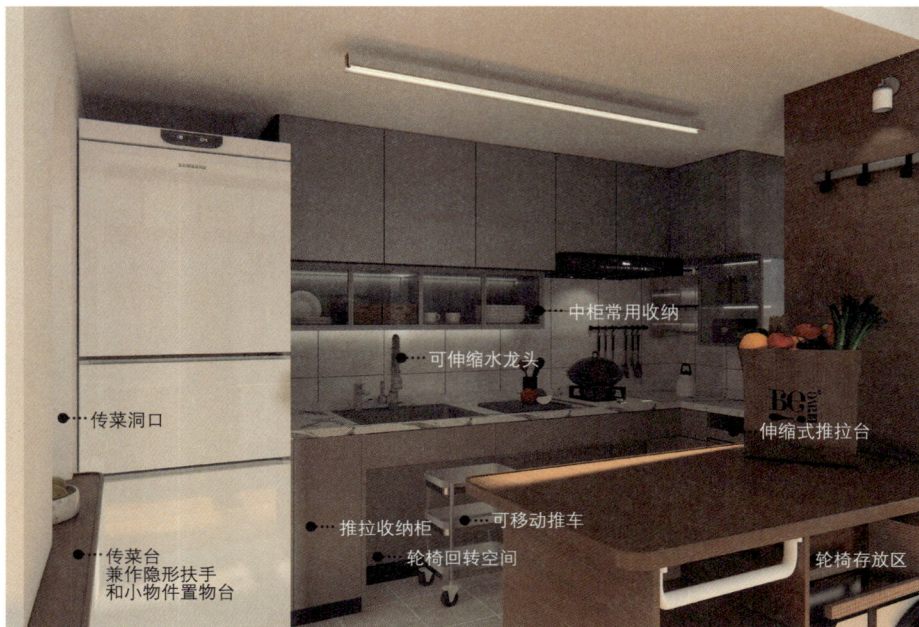

中柜常用收纳
可伸缩水龙头
传菜洞口
伸缩式推拉台
推拉收纳柜
可移动推车
轮椅回转空间
轮椅存放区
传菜台
兼作隐形扶手
和小物件置物台

图10　厨房开放式布置

▶ 优化卫生间布局

①采用干湿分离设计；②设置更衣区，配备挂衣钩和毛巾架；③安装可伸缩壁挂脸盆架；④坐便器侧边置物台与垂直扶手结合设置；⑤设计方形内退式适老洗手台，提供既宽且深，可放盆的洗漱空间；⑥采用推拉式抽屉收纳柜；⑦镜面可开启，水表置于镜后水井内（图11、图12）。

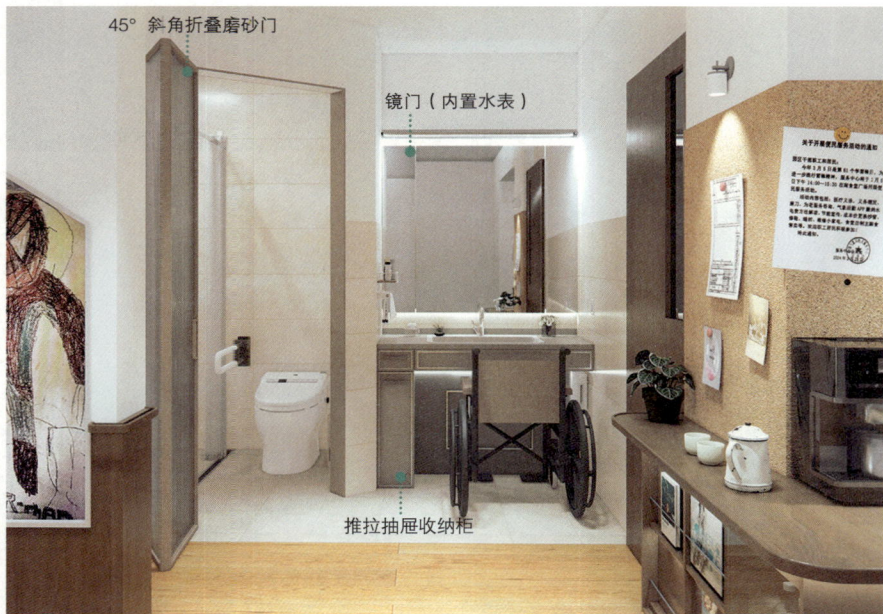

45°斜角折叠磨砂门
镜门（内置水表）
推拉抽屉收纳柜

图11　卫生间斜向折叠门与外置洗手台

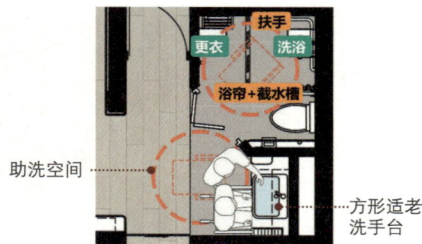

更衣　扶手　洗浴
浴帘+截水槽
助洗空间
方形适老洗手台

图12　卫生间平面图

▶ 优化餐厅，客厅布局

图 13　关护时期满足多人就餐需求

图 14　对角线布置电视及观看座椅

评委点评

　　这是一个暖心的作品，在精细的适老化设计中，最打动人的并不是酷炫的装修和整齐的家具，而是作者对老年人晚年生活需求的深刻洞察：保留儿孙在墙面的涂鸦和给逝去爷爷的留言，保留老家具和老人习惯的布局形式，设置照片墙和记忆留言板等，让老年人在充满美好记忆的家中"自在"安老。

——清华大学建筑学院建筑系主任、博士生导师程晓青

设计者：陈小云
单　位：上海入舍设计工作室

山居秋茗
——退休不褪色，时光仍静好

扫描观看视频

▶ 居住者情况

杨奶奶 62 岁，陈爷爷 63 岁，都已退休；

陈爷爷平日喜欢出门活动，但不能久站；

杨奶奶患有高血玉，需长期服用药品，喜欢旅游、种菜、做点心。

▶ 改造需求

杨奶奶：

我想要一个地方可以让我下午坐在摇椅上，晒晒太阳，织织毛衣；我还想要一个超大的储物间可以放下大大小小的东西，而且找起来也方便；有空的时候喜欢在厨房自己做点心，但是年纪大了站久了还是有点累，最好可以配一把椅子；我平时会在家自己剪头发，以前在台盆前理发，经常剪得到处都是碎头发，清理起来太不方便，我希望这次改造能把理发区改到淋浴房，这样剪完也更好清理。

杨奶奶

▶ 居住问题

房屋面积为 65m²，位于上海，较为潮湿（图 1、图 2）。

1. 无门厅，入户门直对卧室门；

2. 卫生间狭小拥挤；

3. 厨房台面不足，使用小家电不便；

4. 缺少可放置买菜车、行李箱等大件的收纳空间；

5. 子女来探望时，无法留宿

陈爷爷：

我们喜欢旅游，希望能在门口设置一个大储物柜用于存放行李箱，并在旁边预留一个接水和摆放药品的地方。中午需要小憩，因此沙发要硬一点，宽一些。下午打完麻将，晚上记账需要一个小书桌。此外，希望阳台有空间可以种植一些小蔬菜。

陈爷爷

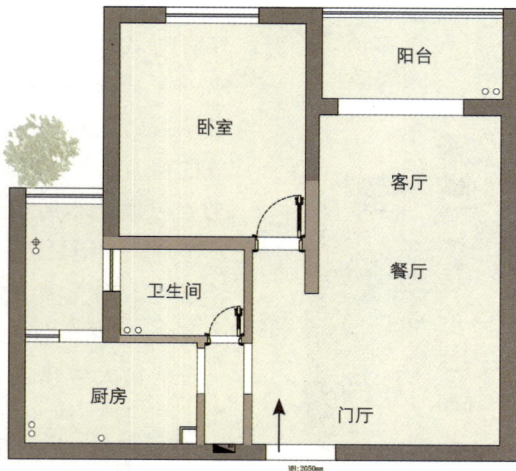

图 1　原户型问题

入户门直冲卧室门　　卫生间狭小闭塞　　厨房拥挤狭小

图 2　原户型样貌

▶ 改造设计分析

客厅阳台打通，
增加休闲区

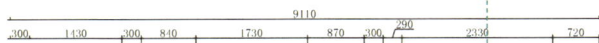

主卧门向左增加
门后储物

卧室

阳台

客厅

折叠
沙发

餐厅

卫生间

水吧台

厨房

内嵌冰箱

门厅

客厅柜内增加隔断帘，
方便子女过来偶住

餐桌放置于全屋中心
区域，打造回游动线

将厨房空间向小阳
台以及门厅两侧延
展，增加台面空间

新建墙体，形成独
立门厅区域

入户右侧增加超
大储物空间放置
大件家具

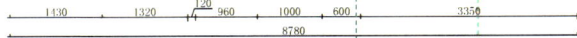

图3　改造设计分析图

▶ 灯光分析

在整体灯光设计中，考虑到年长者对明亮、无死角空间的需求，进行了以下优化（图4）：

1. 入户感应照明：在入户顶部安装独立感应筒灯，夜间归家时自动亮起，避免摸黑开灯；

2. 厨房台面照明：在厨房的吊柜下方增加灯带，照亮台面空间，防止光线过暗导致切菜伤手；

3. 夜间起夜照明：年长者往往会频繁起夜，需要在卫生间沿线、水吧台等区域增加夜灯；

4. 灯光开关高度：根据老人实际身高设计灯光开关面板高度，便于其操作。

点评
厨房水池可以移位到另一侧台面上，使水池与炉灶之间留出切菜备餐的操作台面。

图4 灯光分析图

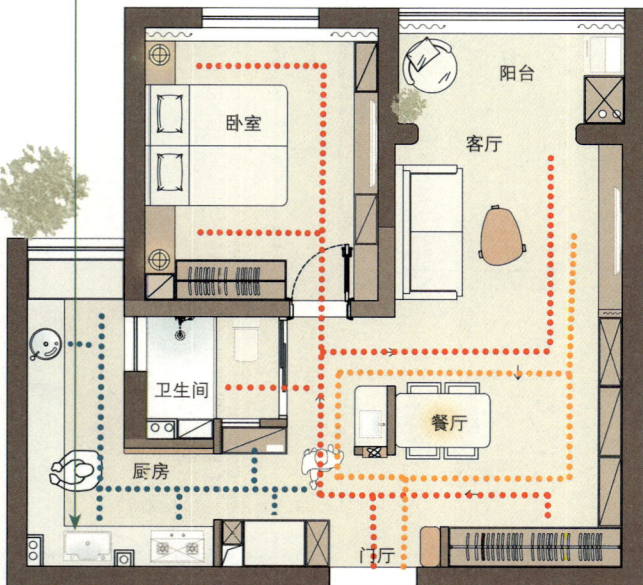

图5 动线分析图

活动动线

访客动线

厨房动线

▶ 动线分析

1. 将洗手盆和餐桌置于全屋中心，打造向四周扩散的功能性回游动线，实现空间通透与互动性。同时，形成独立的门厅区域，改变入户直冲卧室门的格局；

2. 将洗手台置于归家第一动线，方便老人到家直接洗手消毒；

3. 顺着回游动线，在入户右侧增加超大储物空间，用于收纳行李箱、推车等大件物品；

4. 将卧室进门动线左移，腾出空间增加收纳次净衣等储物功能；

5. 冰箱食品收纳动线置于过道，在卫生间的内凹墙体处设置水吧台，方便在台面上整理好食品后放置于冰箱内。

内置磁吸
百叶窗

挂衣钩

1480
1260

防水罩　　泡脚桶　　紧急呼
插座　　　　　　　叫按钮

泡脚桶收纳

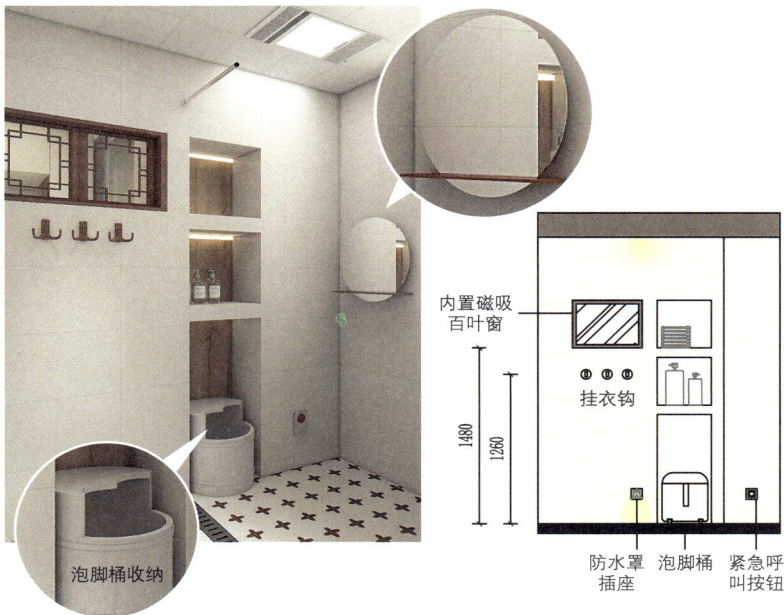

图6　泡脚桶在卫生间内，方便使用

▶ 卫生间适老化分析

1. 奶奶喜欢在家理发，之前在客厅镜前理发，但理完发后打扫较为麻烦。因此，在淋浴房内增加镜面并在其下方安装置物板，使头发碎屑能够顺着水流冲到下水道。

2. 冬季泡脚有益于血液循环和身心健康，但是老人腰部力量较弱，来回搬运水桶较为困难。因此将泡脚桶安置于卫生间内，取水倒水方便，并且卫生间内设有取暖器，空间小更利于集中热量，避免泡脚出汗后一冷一热而着凉。老人也可坐在坐浴椅上舒适泡脚（图6）。

3. 南方梅雨季节潮湿，毛巾易滋生细菌，而老人的免疫系统较弱。因此，卫生间配备了带有紫外线消毒功能的电热毛巾架，以减少细菌滋生，保护老人的健康（图8）。

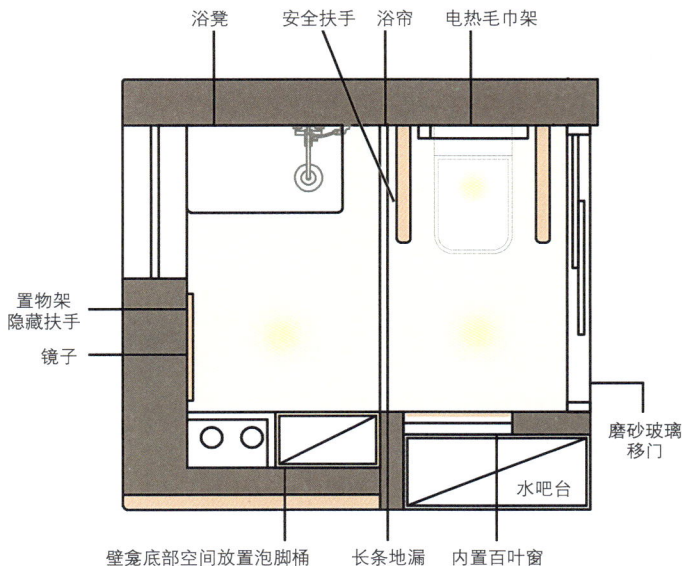

浴凳　　安全扶手　浴帘　电热毛巾架

置物架
隐藏扶手

镜子

磨砂玻璃
移门

水吧台

壁龛底部空间放置泡脚桶　　长条地漏　内置百叶窗

图7　卫生间分析图

图8　卫生间立面图

► 洗烘布局优化

南方多为潮湿气候，因此除了洗衣机，还需配备烘干机器。常规洗烘分体机的高度对于长辈来说，需要经常弯腰操作，较为劳累。因此选择了合体式洗烘机，同时确保操作简单明了。

在布局上，将洗烘机抬高至适合的高度，在下方增加隔板以放置脏衣篓，在上方则做开放格放置洗衣液，并且配备挤压汞可以直接投放至洗衣机皂液格内。同时开放格的上方配备抽拉式晾衣架，方便短暂悬挂衣物（图9）。

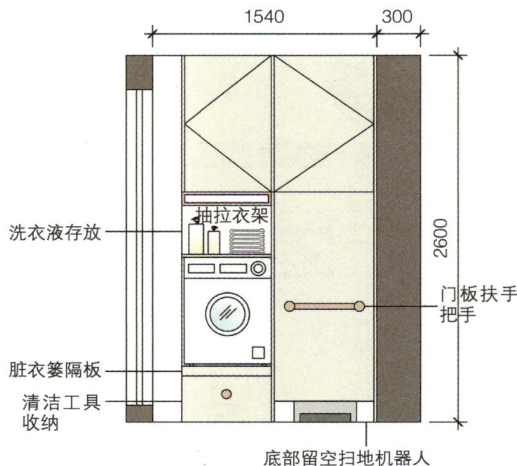

图 9　阳台立面分析图

图 10　水吧台分析图

► 方便长辈使用的水吧台

为了满足长辈服用药品、保健品和夜间喝水的需求，在整个房间的中心位置设置了水吧台，并在台面上设置了即饮式饮水机，方便两位老人随时使用（图10）。

点评

水吧台上不必设置卫生间的花窗，隐私性不佳。卫生间门上已设有透光窗，可以了解老人在里面的情况，知道老人是否在里面。

图 11　主卧室

图 12　次净衣区

图 13　书桌与床头柜组合

▶ **主卧分析**

1. 在床的选择上，选择了带床尾板的样式，可兼作扶手功能，方便长辈行走时借力（图 11）；

2. 进门右侧设置次净衣区域。由于南方无全屋供暖，所以一般夜晚仅在卧室开启供暖，但是老年人夜间起夜及早上起床的时间较早，早晚温差较大。因此，在房门口设置衣架，方便放置和拿取外套，避免长辈着凉（图 12）；

3. 进门左侧利用衣柜的侧面设计了一个带有台面的收纳柜。台面既可以作为临时扶手，又能放置小夜灯等物品；

4. 在床的一侧放置了小写字桌，方便陈爷爷记录麻将输赢。书桌朝床一侧内凹设计为床头柜，可放置手机充电器、闹钟等物品（图 13）；

5. 长辈起夜频繁，床下铺设地毯，双脚落地时可先接触温暖柔软的地毯，再穿拖鞋，避免着凉；

6. 卧室门选择了磨砂玻璃与木门相结合的设计，增加了通透性，又不会影响到隐私。

> **点评**
> 床尾板如用于长辈走路时撑扶，建议还可设计得更高一些。
> 方案对老人在主卧室的生活行为分析得细致到位！

评委点评

　　作品挑战了一室一厅的狭小户型，令人惊喜的是，空间虽小，但必要的适老化要点并不缺失。设计者巧妙地将盥洗池外置，放大了卫生间，同时改善了入口缺乏对景的不足，既创造了回游动线，又合理地安置了餐桌，可谓一举多得；设置于冰箱对面的置物台、800 深的储物柜、隐藏于电视墙中的隔断帘以及由家具构成的连续隐形扶手，也都体现了作者细致入微的巧思。

——清华大学建筑学院建筑系主任、博士生导师　程晓青

安然
——自然衰老理念下的适老化室内改造设计

扫描观看视频

▶ 居住者情况

本户型主人为一对老年夫妻。女性老人 66 岁，身体健康，生活能够自理。男性老人 70 岁，腿脚不便，生活起居需要有人照料，平时喜好看书、喝茶。每逢节假日，女儿一家会回来探望，尽享家庭团聚的欢乐。考虑到随着年龄增长，两位老人身体机能下降时，可能产生聘用护工的需求（图 1）。

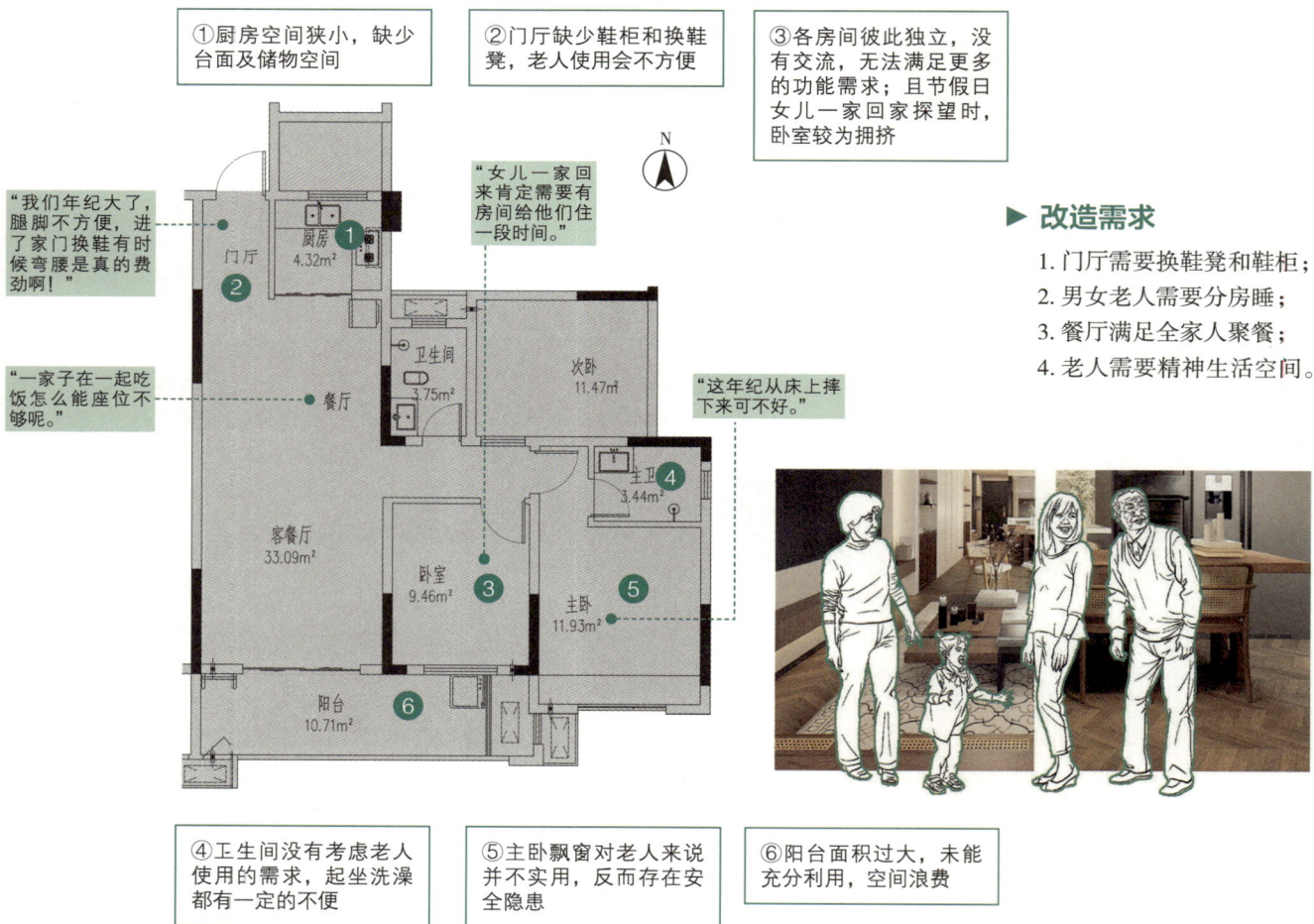

①厨房空间狭小，缺少台面及储物空间

②门厅缺少鞋柜和换鞋凳，老人使用会不方便

③各房间彼此独立，没有交流，无法满足更多的功能需求；且节假日女儿一家回家探望时，卧室较为拥挤

"我们年纪大了，腿脚不方便，进了家门换鞋有时候弯腰是真的费劲啊！"

"女儿一家回来肯定需要有房间给他们住一段时间。"

▶ 改造需求

1. 门厅需要换鞋凳和鞋柜；
2. 男女老人需要分房睡；
3. 餐厅满足全家人聚餐；
4. 老人需要精神生活空间。

"一家子在一起吃饭怎么能座位不够呢。"

"这年纪从床上摔下来可不好。"

门厅 | 厨房 4.32m²
卫生间 3.75m²
次卧 11.47m²
餐厅
主卫 3.44m²
客餐厅 33.09m²
卧室 9.46m²
主卧 11.93m²
阳台 10.71m²

N

④卫生间没有考虑老人使用的需求，起坐洗澡都有一定的不便

⑤主卧飘窗对老人来说并不实用，反而存在安全隐患

⑥阳台面积过大，未能充分利用，空间浪费

图 1　原户型平面及问题分析图

▶ 设计理念

自然衰老是生命无法回避的进程，在社会高速发展的今天，老龄化已成为全球瞩目的焦点问题。但当下许多适老化空间设计常过度聚焦于功能性设施的堆叠，却忽视了老年人深层次的心理需求和对其生命尊严的敬重。

本设计旨在通过尊重自然衰老现象，将辅助性功能设计尽量融入家具设计之中，致力于打造一个温馨舒适的家。同时充分考量老人在各阶段可能面临的状况，前瞻性地规划功能空间。最终创造出以“舒适、关怀、共生”为核心理念的适老化居住空间，让老年人在完备功能的支持下，切实感受到生活的从容、安定与幸福（图 2）。

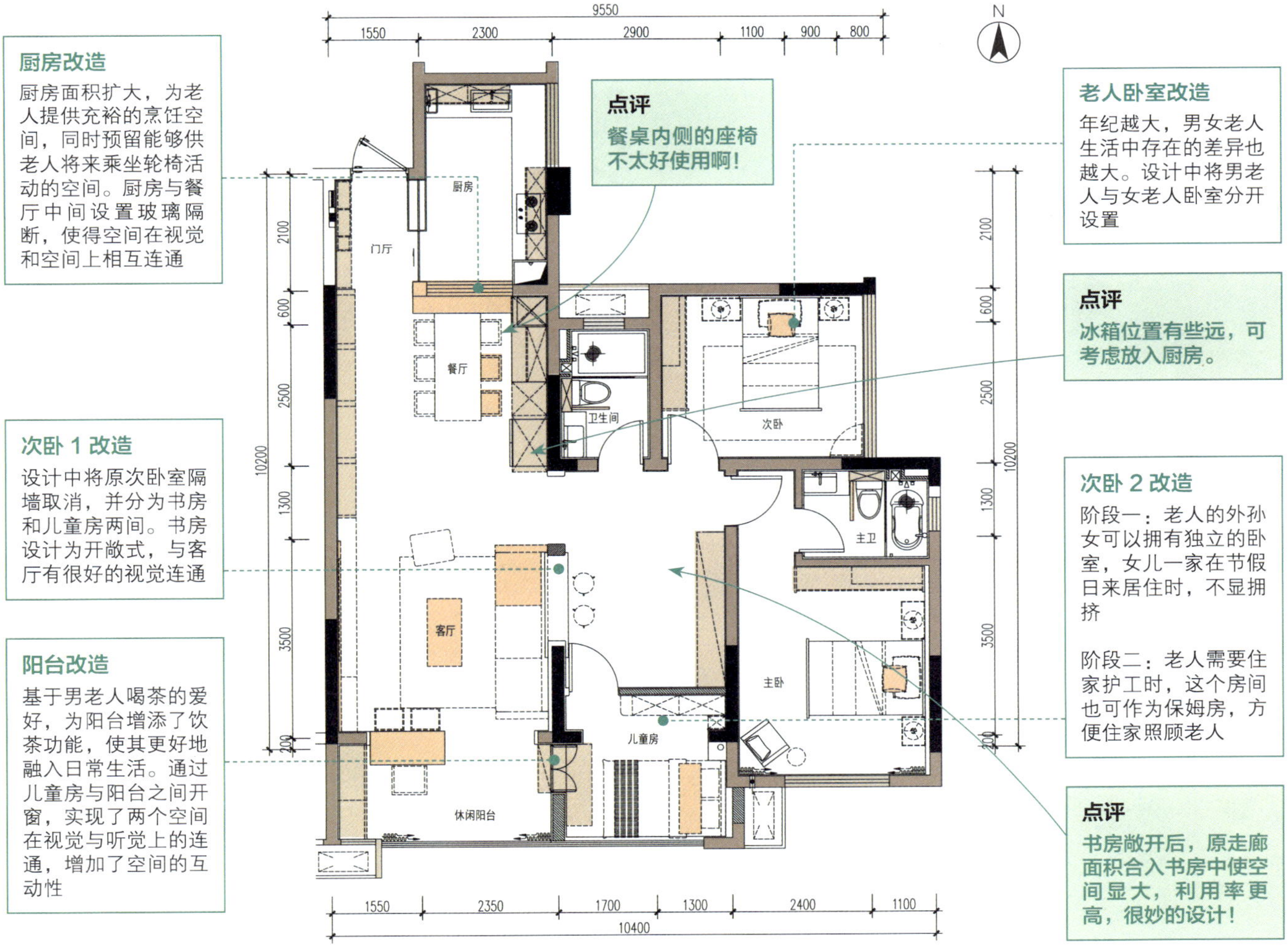

厨房改造
厨房面积扩大，为老人提供充裕的烹饪空间，同时预留能够供老人将来乘坐轮椅活动的空间。厨房与餐厅中间设置玻璃隔断，使得空间在视觉和空间上相互连通
次卧 1 改造
设计中将原次卧室隔墙取消，并分为书房和儿童房两间。书房设计为开敞式，与客厅有很好的视觉连通
阳台改造
基于男老人喝茶的爱好，为阳台增添了饮茶功能，使其更好地融入日常生活。通过儿童房与阳台之间开窗，实现了两个空间在视觉与听觉上的连通，增加了空间的互动性
点评
餐桌内侧的座椅不太好使用啊！
老人卧室改造
年纪越大，男女老人生活中存在的差异也越大。设计中将男老人与女老人卧室分开设置
点评
冰箱位置有些远，可考虑放入厨房。
次卧 2 改造
阶段一：老人的外孙女可以拥有独立的卧室，女儿一家在节假日来居住时，不显拥挤
阶段二：老人需要住家护工时，这个房间也可作为保姆房，方便住家照顾老人
点评
书房敞开后，原走廊面积合入书房中使空间显大，利用率更高，很妙的设计！
9550
1550
2300
2900
1100
900
800
N
厨房
门厅
餐厅
卫生间
次卧
主卫
客厅
主卧
儿童房
休闲阳台
2100
600
2500
1300
3500
200
10200
1550
2350
1700
1300
2400
1100
10400

图 2　改造后户型平面及设计分析图

▶ 全屋空间通透化设计

通过在厨房设置玻璃隔断，并将开放式书房与客厅进行串联，打造出了一个视线通透的公共空间。当家庭成员在不同区域活动时，视线能够覆盖大部分公共区域，实现了"眼观六路"的监护效果，尤其方便关注老人在厨房的活动安全。

书房利用书柜和弓桌限定出不同的功能区域，与客厅之间视线无遮挡。在书房的人，不仅拥有客厅的大部分视野，还能看到次卧和儿童房的部分区域，甚至可以直接与厨房的人进行互动。这不仅增强了家庭成员之间的交流，还有利于及时响应需求，大大提升了居家养老的安全性。

将阳台的局部纳入儿童房，使得儿童房和书房能够共享阳台的自然光源。自然光进入儿童房后，还能进一步延伸至书房，形成一条连续的光线路径，从而减少对人工照明的依赖，营造出明亮且舒适的环境。此外，厨房可以通过玻璃隔断接收部分来自餐厅或客厅的光线，白天时，老人借助自然光就能看得比较清楚，到了冬天，还能获得更多阳光，让室内不会过于阴冷（图3）。

● 女性老人

● 男性老人

← - - → 视线路径

图3 全屋空间通透化分析图

▶ 重点局部平面及分析

当老人需要借助轮椅行动时，厨房、书房、餐厅与客厅过道以及阳台窗洞等几个关键位置，都预留了足够的空间，方便老人操控轮椅完成转身动作。同时，书房内的书桌与书架还能作为客厅与走廊的装饰背景，增强了空间的整体性和美观度。

当老人在书房阅读、孩子在儿童房玩耍、女儿在厨房备餐时，尽管他们身处不同房间，但得益于局部的开放式布局和良好的视线穿透设计，彼此仍能看到或听到其他人的状态，实现"分而不隔"的和谐共处模式。

整个公共区域实现了视线的贯通与联系这是以"共享与观察"为核心构建的空间网络，使居住空间实现高度联动（图4~图8）。

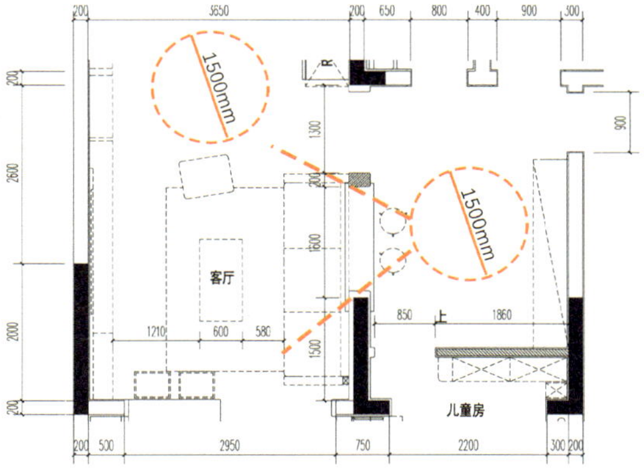

图 4　客厅书房平面图

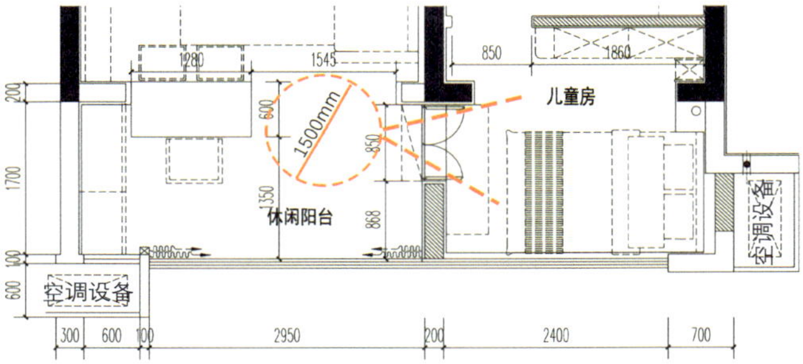

图 5　阳台儿童房平面图

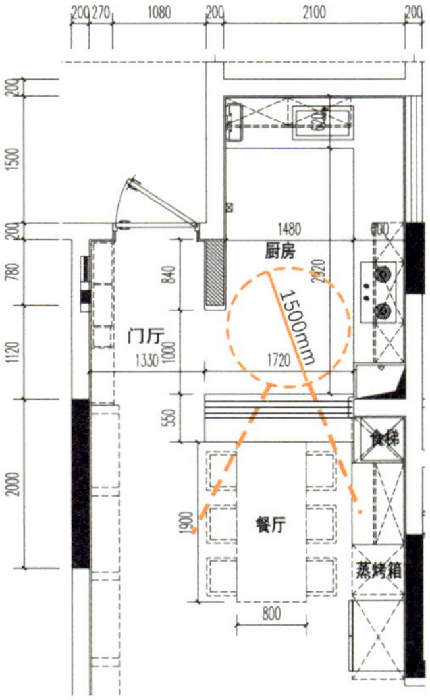

图 6　厨房餐厅平面图

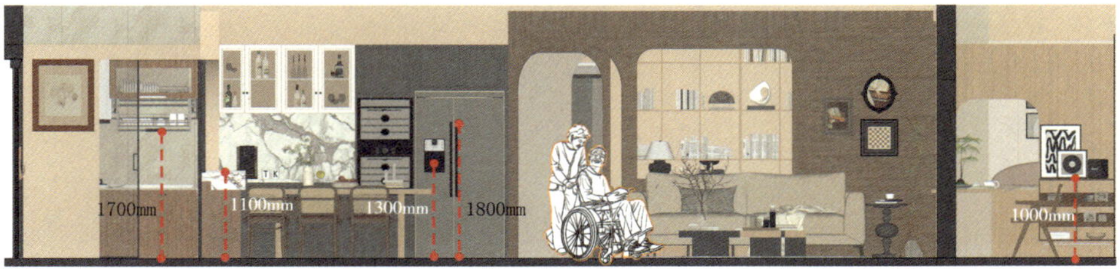

图 7　厨房、餐厅、客厅、阳台立面尺度分析图

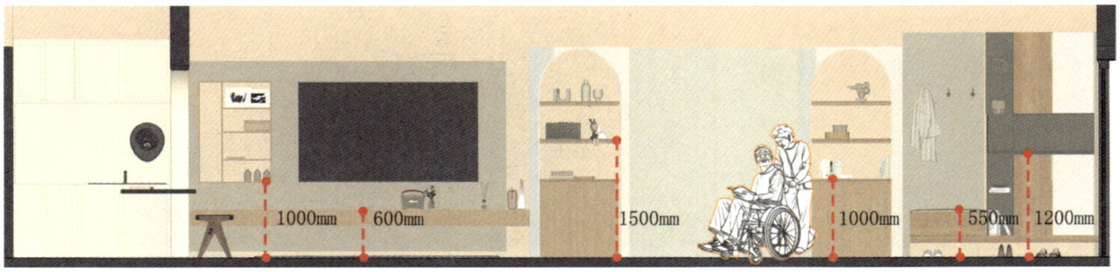

图 8　门厅、客厅、阳台立面尺度分析图

▶ 各空间改造效果及设计分析

无主灯设计为客厅增加了视觉层高

书桌的正上方也设置了灯具，加强局部照明

书房与客厅之间墙体打开，有效增加了家庭成员间的联系与互动

儿童房与阳台通过窗洞连通，两边的人可以互动交流

宽敞的过道方便轮椅通行

点评
需注意沙发区局部设置地毯容易绊倒老人。

图 9　客厅效果图

床头设置紧急呼叫按钮，方便老人在出现突发情况时及时报警

床边增设护栏，避免老人从床上翻滚跌落

考虑卧室使用轮椅的情况，预留供轮椅出入的空间宽度

床尾设置高度适宜的挡板，老人行走时可以将其当作扶手抓扶

床下沿设置感应灯带，老人起夜时为其提供照明

床脚底部回退，拿取物品或照顾老人时身体都可以更接近床边

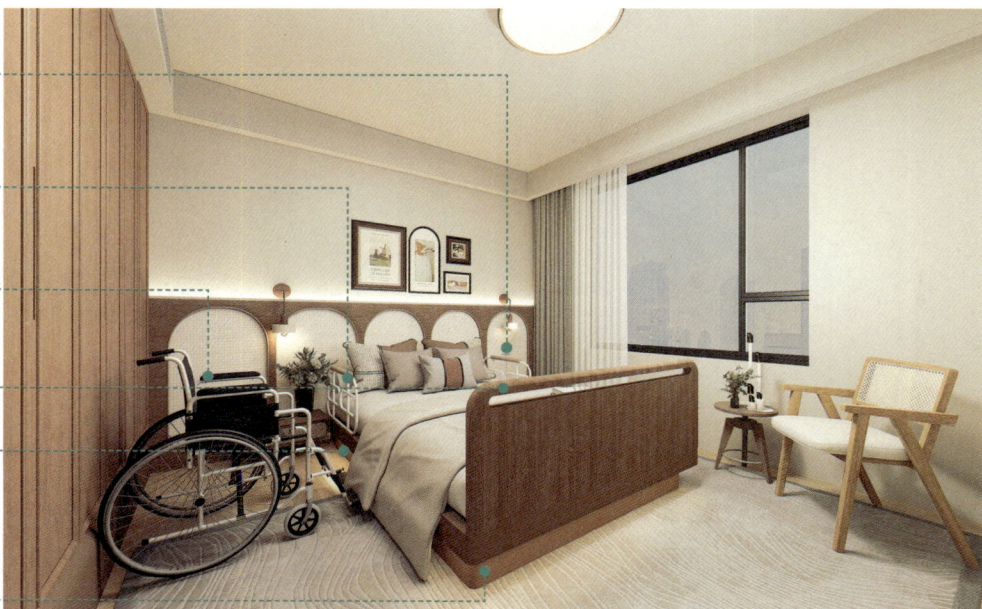

图 10　卧室效果图

▶ 各空间改造效果及设计分析

门厅柜的上柜开启扣手靠下，下柜开启扣手靠上，方便老人使用

柜角立柱兼作抓手，方便老人从换鞋凳上起身时抓握提供助力

门厅柜的柜边做了凸起，必要时可以抓扶借力

设置换鞋凳，方便老人坐姿换鞋，避免站立不稳或弯腰下蹲

门厅柜体下方悬空，方便进门直接换鞋放鞋，并设置感应灯带，增加局部照明

图 11　门厅效果图

图 12　餐厅效果图

图 13　主卫效果图

图 14　客卫效果图

设置助力扶手，方便老人起身，提高老人安全性

拉绳报警器，联动跌倒报警器

折叠淋浴凳，老人洗浴时更省力

地面使用防滑地砖，减少摔倒风险

台下柜，遮挡水管并预留下部轮椅空间，方便、美观、好打扫

点评
如为老人配置浴缸，可选择略低的浴缸（≤450mm）以便老人进出。

评委点评

　　设计师在设计中考虑老年人自然衰老的现象，前瞻性的规划功能空间方案注意潜伏设计如：加装连续隐形扶手、适老功能家具的置换等。特别是考虑了将来老年人失能后的应对方式，规划了轮椅进出路线，空间视线照护等，做到未雨绸缪。方案设计精细，表达充分。

——北京康复辅助器具协会名誉会长　罗椅民

设计者：高阳、牛敏、申辰、金莹、王海涛　　指导者：崔鹏

单　位：中建八局设计管理总院

居养心境·动环共生
——居家养老模式下功能切换，动线互联的适老化设计

▶ 居住者情况

父亲 75 岁，身体状态尚可但腿脚不便，日常主要活动包括会客、看书、喝茶、晒太阳等。母亲 70 岁，身体状态很好，目前可以自理，日常主要活动包括养花、散步、看电视等。女儿 45 岁，上班族，一般周末过来陪伴父母。

▶ 居住问题

1. 房间布局及尺寸不满足轮椅通行要求。

2. 入户位置缺少入户收纳。

3. 起居室较小且采光较差。

4. 老两口平时在厨房简单就餐，起居室餐桌因尺寸过大妨碍老人走动，基本闲置。

5. 女儿周末回家小住，次卧平时空置（图 1）。

①只能在厨房简单就餐

②卫生间尺寸不满足轮椅使用要求

③缺少入户收纳空间

④家具尺寸过大，不方便移动

⑤晾晒衣服不方便

⑥老人杂物多，收纳空间不足

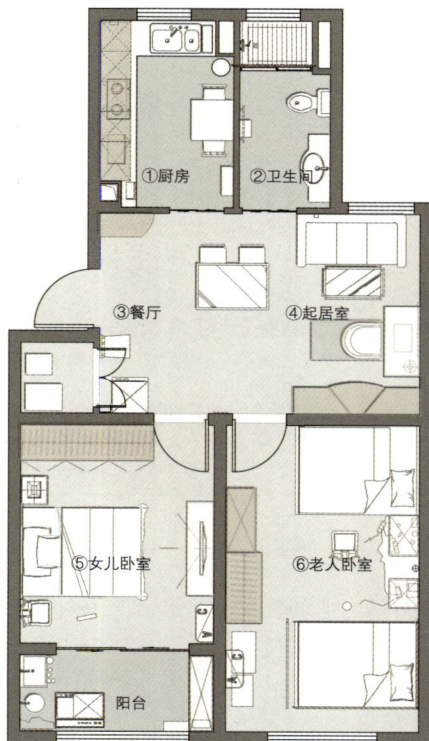

图 1　原户型问题

扫描观看视频

图2 原户型改动分析图

图3 功能切换

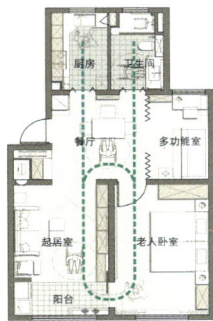

图4 动线互联

▶ 功能切换，动线互联

通过平面布局的调整，将次卧隔墙打开，功能切换为南向起居空间，原起居室切换为多功能空间，形成"多功能室—餐厅—门厅—起居室—阳台"连通的开敞空间，并通过阳台与老人卧室互联，形成"健康回游动线"。

为老人提供更宽敞的居家生活空间，更安全的室内活动流线，增加老人在室内活动的更多可能性（图2～图5）。

厨房
优化洗切炒流线，并结合老人身高进行家具适老化改造设计

餐厅
优选轻便、可折叠餐桌，方便两位老人使用，兼顾多人使用场景

门厅
结合原有储藏间设置入户门厅，便于老人进出门时换鞋、收纳

起居室
将次卧功能置换为起居室，与门厅、餐厅连通，提高室内空间的视线可达性

卫生间
移动卫生间与厨房中间的隔墙，使轮椅能够通行

多功能室
通过轻质布帘与餐厅分隔，日常作为老爷爷看书空间，周末作为女儿休息空间

卧室
保留分床睡布局，并朝向阳台开门，靠墙一侧设置无障碍扶手，与起居室隐形扶手形成"健康动线"

阳台
将阳台西侧设计为家政空间；并在靠窗位置设置花池，满足老奶奶种花需求

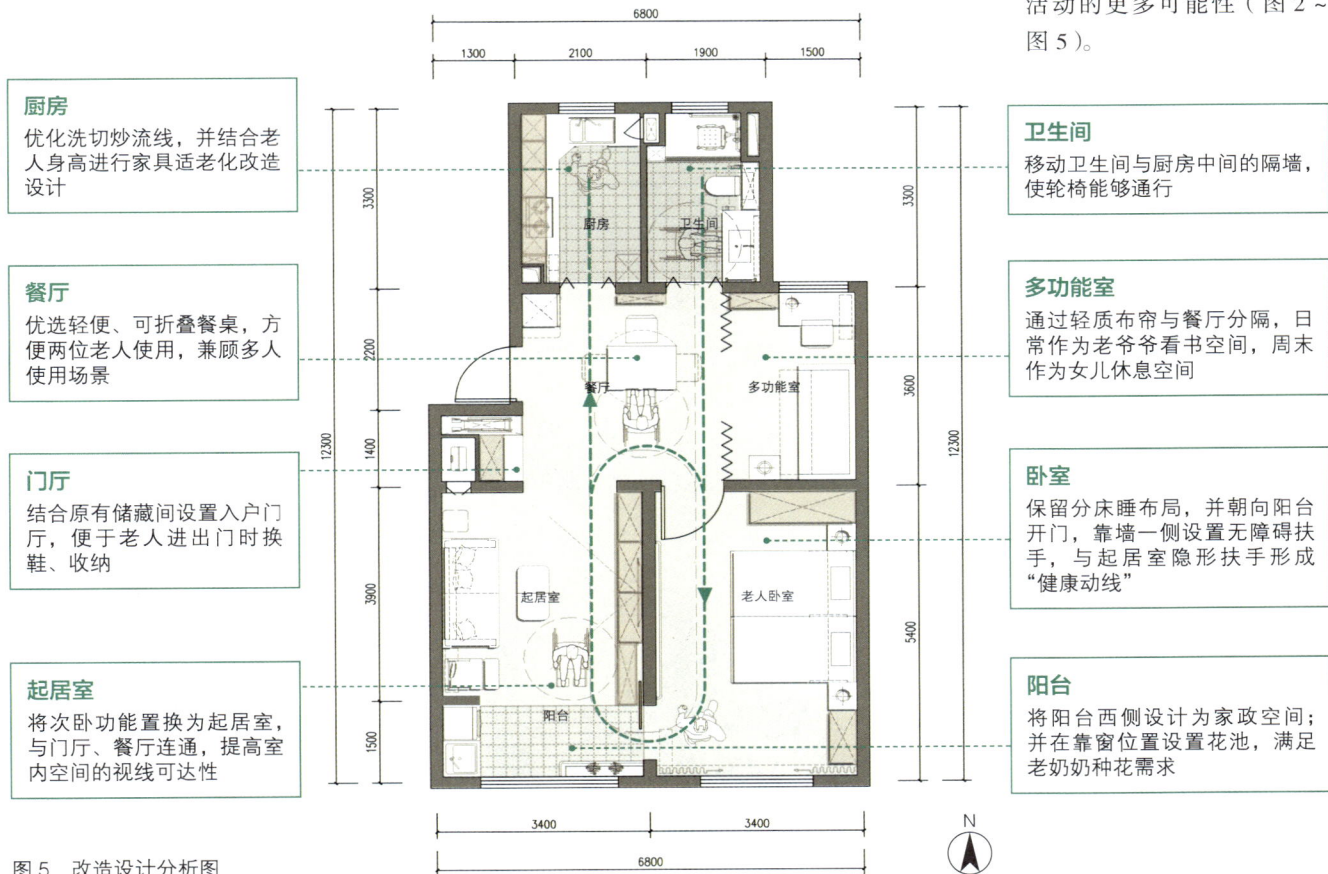

图5 改造设计分析图

▶ 细部设计亮点

　　1. 根据老人身高和抓握特点布置无障碍扶手，方便老人倚靠撑扶。

　　2. 设置可移动、可拆分的组合式轻质家具，方便老人按需挪动使用。

　　3. 结合老人身体尺度，进行家具设计和起夜灯、应急铃等安全设施布置，为老人提供全方位的安全保障。

　　4. 各个房间相互连通，老人视线可达，增加老人之间的互动（图6）。

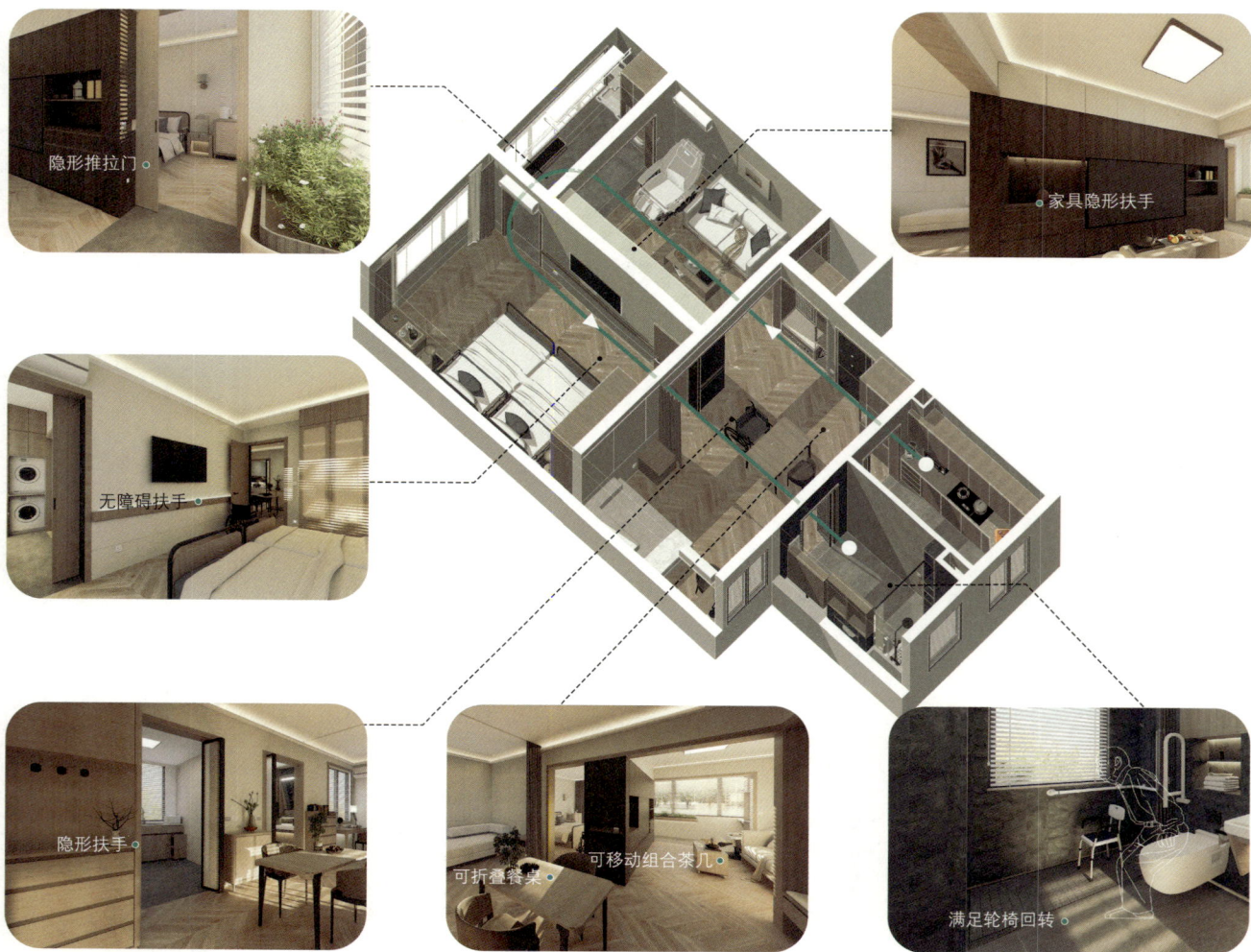

隐形推拉门

家具隐形扶手

无障碍扶手

隐形扶手

可折叠餐桌

可移动组合茶几

满足轮椅回转

图6　改造亮点分析图

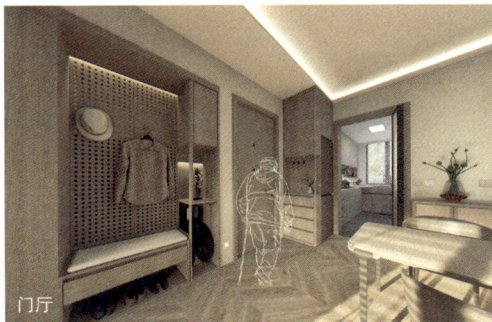

门厅

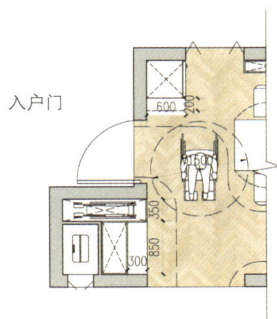

餐厅

厨房

卫生间

入户门

图 7 门厅平面图

▶ 各空间设计分析

门厅设计分析

入户门左侧可换鞋收纳，右侧设计了开敞式轮椅收纳空间，还配置了置物架与隐形扶手，放置钥匙等随身物品，出门前便于提醒携带（图 7）。

餐厅及多功能空间设计分析

餐桌旁设餐边柜，冰箱合理放置；餐桌可折叠以适应不同需求，周围预留轮椅通道；多功能室设沙发床与书桌，兼顾女儿临时居住与老人休憩阅读用途（图 8）。

厨房设计分析

优化洗切炒流线，扩大拐角操作台面；设中层置物架便于老人取用物品；配可移动柜体作临时座椅（图 9）。

卫生间设计分析

淋浴区与坐便器之间使用条状箅子找平，使轮椅能够回转，采用无障碍水池（图 10）。

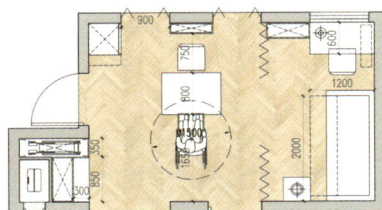

①两人用餐

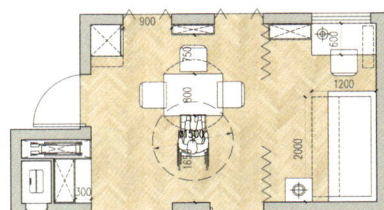

②多人用餐

图 8 客餐厅平面图

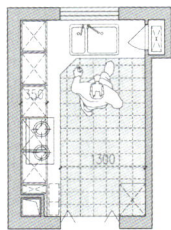

图 9 厨房平面图

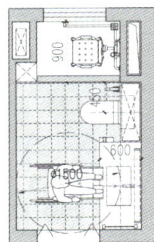

图 10 卫生间平面图

起居室

阳台

卧室

多功能空间

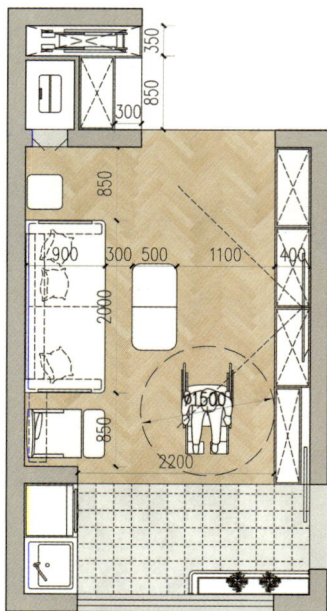
图 11　起居室 / 阳台平面图

▶ 各空间设计分析

起居室设计分析

起居室电视墙结合柜子设计隐形扶手；与餐厨、卧室视线畅通，便于老人互动；家具轻质可移动。

阳台设计分析

增设洗衣收纳空间；洗衣机高度适中减少老人弯腰；临窗台设计了种植池，丰富老人的生活（图 11）。

卧室设计分析

保留老人分床睡的习惯，翻身起夜互不影响；兼顾自理与护理布局；立柜采用镂空设计，便于寻找衣物；卧室灯光设计更加温和，增设阅读灯，方便夜间使用（图 12）。

点评
注意了适老的细节设计，并给出相关尺寸，让读者一目了然。

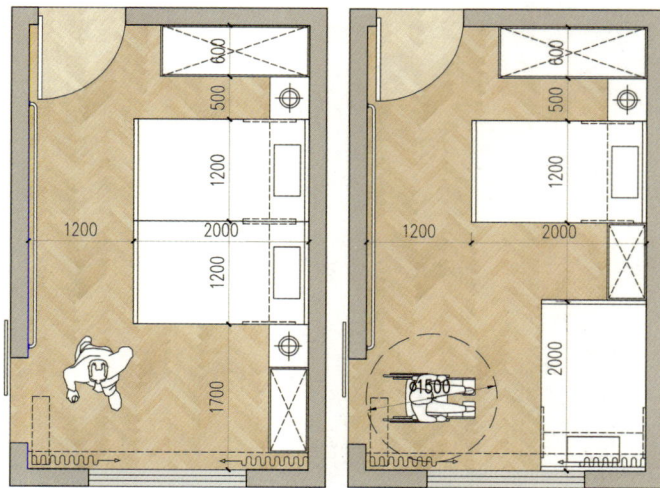
①自理阶段　　②护理阶段
图 12　卧室平面图

▶ 主要空间整体剖立面

1. 无障碍扶手考虑了老人站立撑扶、坐轮椅起身及抓握辅助等使用场景。形式多样，既有直观的扶手，也有结合家具线条设计的隐形扶手。

2. 无障碍洗手池设计有抓握孔洞，下方预留了轮椅可进入的空间，方便老人坐轮椅时可以借力靠近使用。

3. 起居室采用轻量化、可组合式家具，安装有轮子，可分可合，便于老人根据自己的不同使用场景轻松移动。

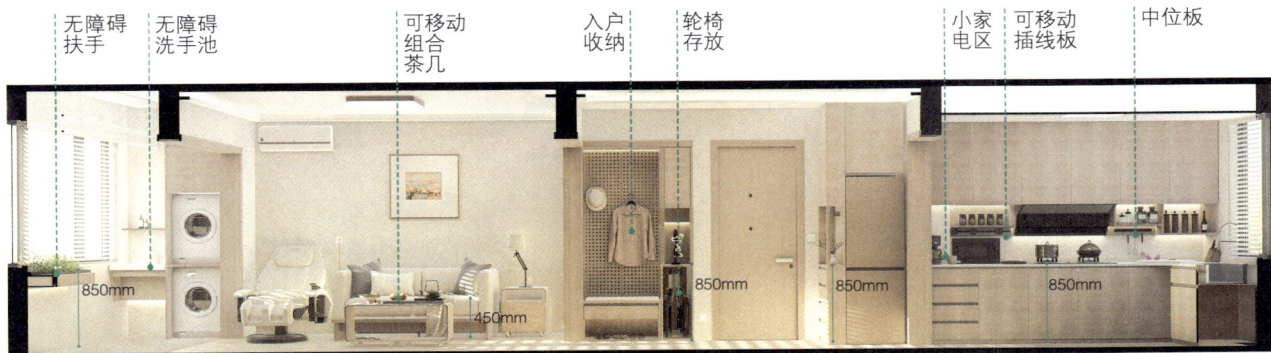

无障碍扶手　无障碍洗手池　可移动组合茶几　入户收纳　轮椅存放　小家电区　可移动插线板　中位板

850mm　450mm　850mm　850mm　850mm

图 13　阳台 / 起居室 / 门厅 / 厨房剖立面图

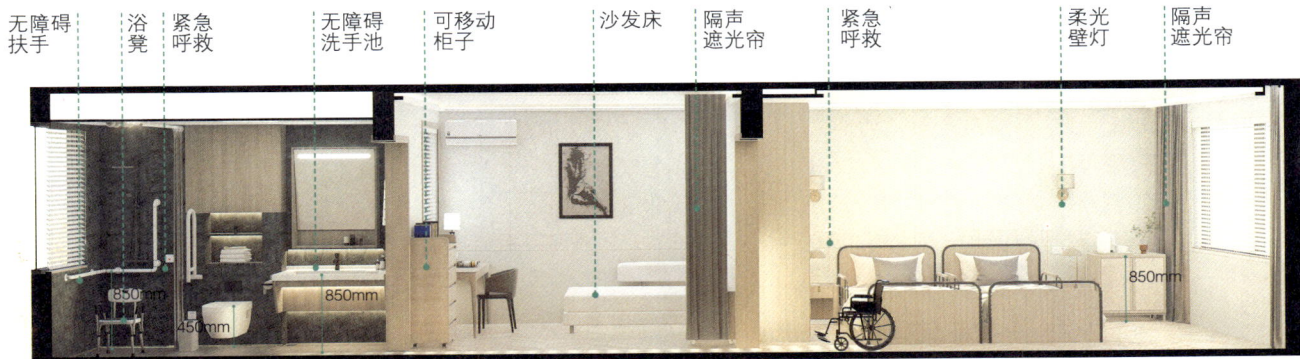

无障碍扶手　浴凳　紧急呼救　无障碍洗手池　可移动柜子　沙发床　隔声遮光帘　紧急呼救　柔光壁灯　隔声遮光帘

850mm　450mm　850mm　850mm

图 14　卫生间 / 多功能间 / 卧室剖立面图

评委点评

　　本方案针对城市老旧公房中的具体住家展开细致的居住实况和生活需求研究，从空间布局、家具设施、灯光环境、材料材质和绿化环境等方面进行精细化的适老更新设计，以满足居家养老的居住者在未来不同老龄阶段的使用需求。设计深入充分，图面表达完整清晰，视频也较好地展示了设计场景，具有很好的可实施性。方案围绕"三典型"（典型单元套型、典型家庭构成、典型居住人群）展开面向居家养老的老旧公房改造，具有较强的普适性和较高的可借鉴性。

——东南大学建筑学院副院长、教授、博士生导师　鲍莉

设计者：刘芸彤、敬子函　　指导者：田琦
单　位：重庆大学

烟火人间
——老有所养：临街商宅适老化改造

▶ 居住者情况

本次的改造用地位于重庆市沙坪坝区，是一栋临街的商住一体双层住宅，总建筑面积约为140m²。该房屋内部设施较为老旧且拥挤，到处堆满了无处安放的杂物，很多地方存在安全隐患。室内空间划分不太合理，一家五口除就餐外交流机会很少，影响了一家人的生活质量（图1、图2）。

60+ 老年夫妻
经营一家卤菜店，喜欢看电视剧

30+ 年轻夫妻
工作忙碌，早出晚归，偶尔需要居家办公

7 岁小女孩
活泼好动，白天上学，放学后在家做作业

图1　居住者情况

▶ 居住问题

店面和住宅完全隔开，老人从厨房端卤菜进店需要绕行较远距离

沐浴间存在隔墙不便于老人乘轮椅时使用

储藏空间不足，杂物无处堆放

厨房与餐厅距离过远，且一层没有老人的活动娱乐空间

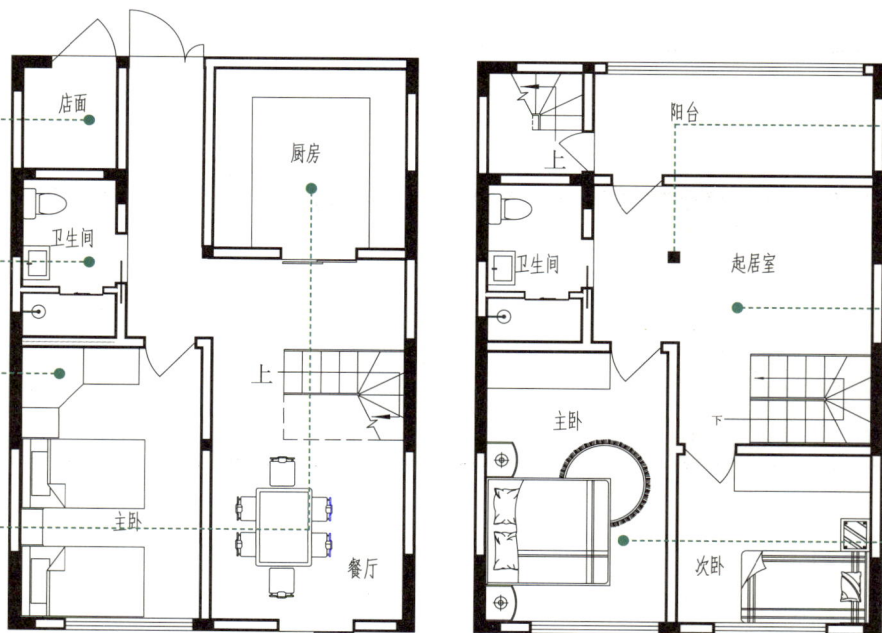

店面

卫生间

厨房

上

主卧

餐厅

柱子位于起居室中间，空间使用不便

老人看电视需要上二楼不方便

缺少居家工作区与儿童活动区

阳台

上

卫生间

起居室

主卧

下

次卧

图2　原户型问题

▶ 改造需求

1. 优化店面与厨房的空间关系：缩短厨房与卤菜店的距离，从制作到销售更加近便；
2. 满足各代的娱乐：为老人在一层增设活动空间，可以不用和孙女抢电视；
3. 从空间设计上增加亲人间沟通交流的机会。

▶ 原户型改造设计分析

1. 厨房与店面结合，更利于烹饪备餐和销售
2. 卫生间隔墙变为软帘，为日后老人使用轮椅预留条件
3. 为老人设置独立活动空间，并与二楼有视线贯通
4. 户外小庭院可以晾晒及组织家庭活动
5. 增加通高空间以加强视线交互（图3～图5）

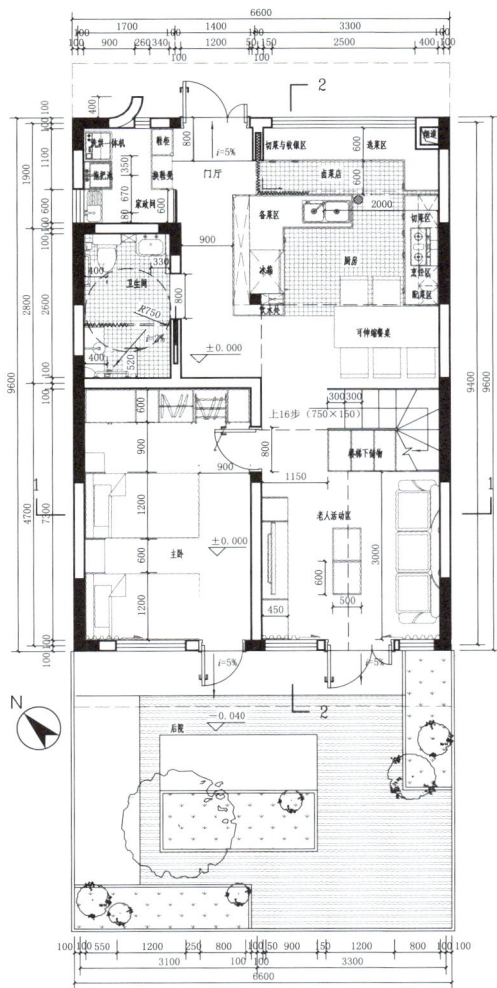

图 5 3.30m 标高平面图

点评

设计加大了店面面宽，又与厨房相连，使工作动线近便。

餐桌区域有些紧张对老人来说就餐进出有些不便。

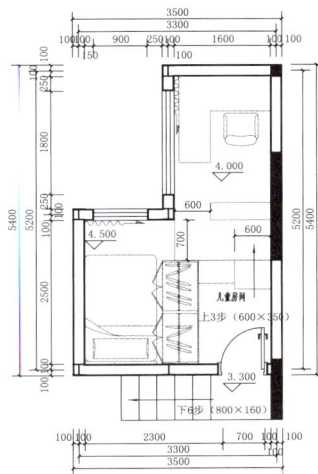

图 3 0.00m 标高平面图

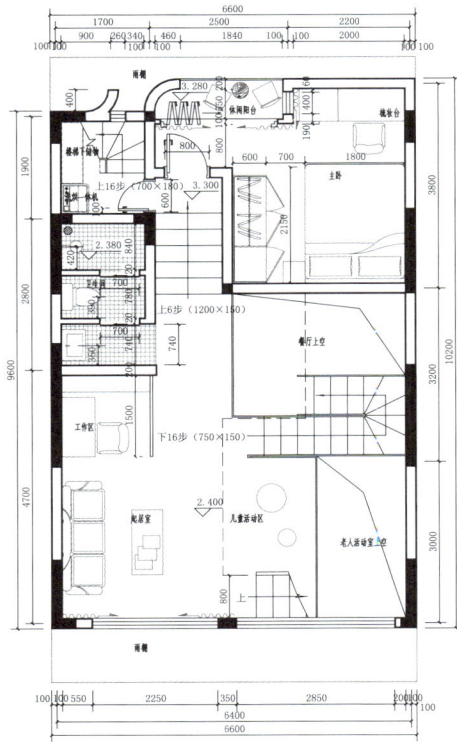

图 4 2.40m 标高平面图

▶ 设计理念

1. 老有所养：巧妙地将厨房与店铺融为一体，为老年人打造一个方便经营的专属小店，让他们在充实中安享晚年；

2. 亲情维系：家庭成员之间有更多交流，打造开敞且通透的空间格局，让自由流动的空气与光线成为情感传递的使者，有力地促进家庭成员间的深度交流与互动；

3. 居住舒适与安全：全面提升居住体验，营造出舒适宜人的生活氛围，同时筑牢安全防线（图6、图7）。

图6　剖面透视图

图7　餐厨店效果图　开放式的厨房与餐厅，无狭窄通道和过多障碍物，方便老人行走，减少磕碰风险；楼梯设计平缓且配有扶手；木质橱柜高度适中，便于老人取放物品；冰箱设有长把手，方便老人抓握开启，符合老人的使用习惯

▶ 光照通风分析

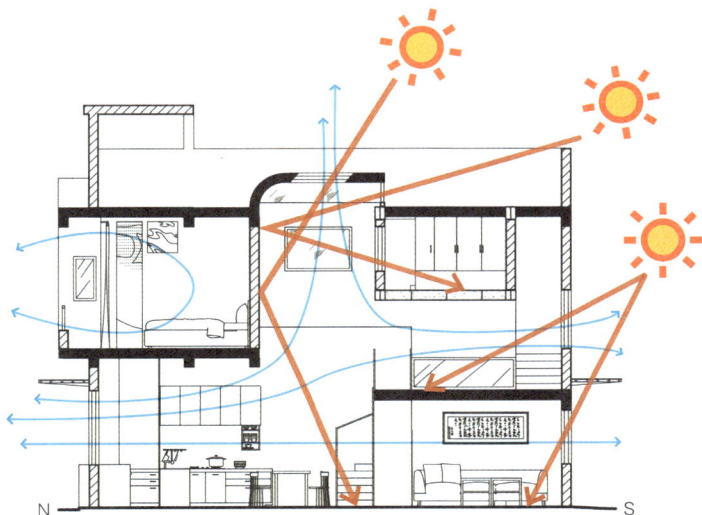

光照：阳光在墙面上形成漫反射以获得更加柔和舒适的光照体验；天窗倾斜以防止阳光直射

通风：多穿堂风，顶部通风，通风效果较好

图 8　光照通风分析图

点评
作者注重剖面设计，充分利用好风、光、日照等很有参考价值！

▶ 空间适老化模式

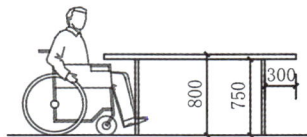

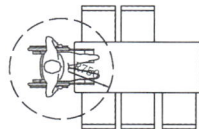

餐厅：餐桌端头可供轮椅落座

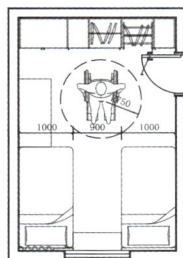

卧室：调整床的位置方便轮椅进出

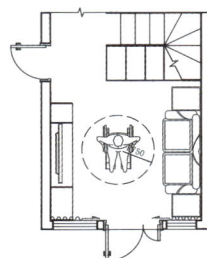

老人活动室：茶几有不同拼接方式便于轮椅行动

图 9　餐厅、卧室、老人活动室适老化场景

▶ 视线分析

妈妈在一层客厅和在二层活动室的女儿对话

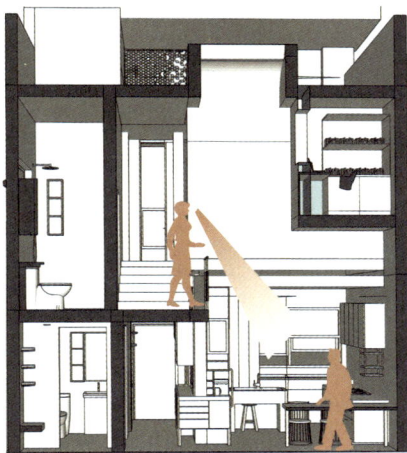

奶奶在二层走廊望向在厨房忙碌的爷爷

奶奶从厨房望向门厅

图 10　视线分析图

► **家具分析**

门厅

鞋柜下部 300mm 的悬空方便老人不弯腰也可以穿鞋。鞋柜台面为 850mm，同时在台面周围抬高20mm 的小边作为隐形扶手。换鞋凳旁 50mm 的立柱使老人起身时更好借力

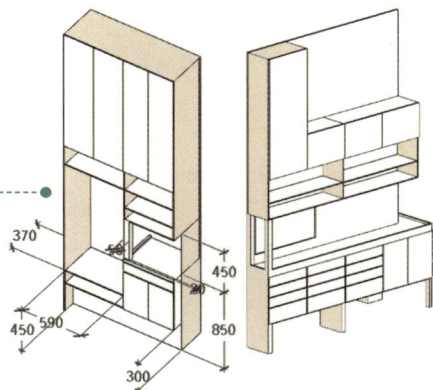

厨房

下拉式橱柜更易取物。水槽下放置小凳方便老年人坐着洗菜

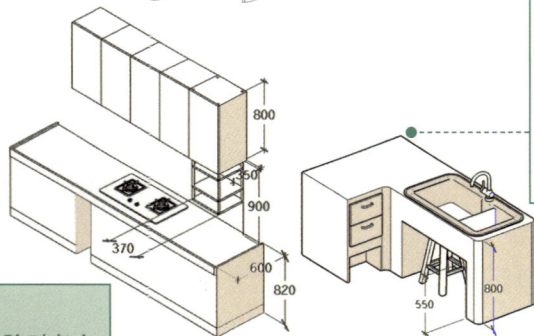

饮水处

饮水处位于各功能区交汇处，是老人生活流线的核心位置。结构柱上挂有记事板，有助于提高老人生活品质。与此同时，饮水处与冰箱、储物柜等家具将结构柱包住，使其更加美观

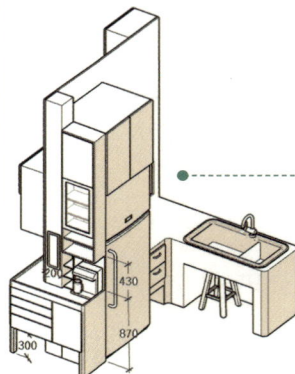

点评

转角台阶对老人儿童都存在危险，应尽量避免。

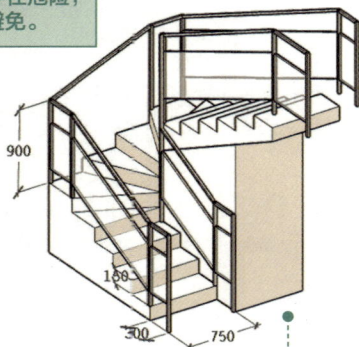

楼梯

楼梯踏步、扶手等尺寸适宜，使老年人能安全舒适地上楼，楼梯下可用作储藏

老人活动室

两块长方形茶几可以根据需求拼接成不同形状。较高的茶几也可以减轻老人俯身带来的压力

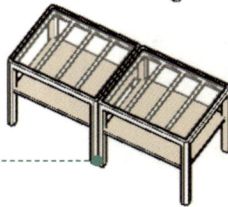

老人卧室

可移动挂衣架方便老人取放与晾晒衣物

图 11　家具适老化设计分析

图 12 商住一体双层住宅立面效果图

老人活动室空间通透，能看到家人的动态；储藏空间大、明格多，帮助老人增强记忆，拿取物品

图 13 老人活动室

增设二楼儿童活动区，通透的空间方便家人交流

图 14 二楼活动室

评委点评

　　通过紧凑合理的平面布局，解决首层经营性店面和三代人居住空间使用的连通性与便捷性。首层充分考虑适老化设计，在门厅、厨房、老人活动区和卧室做了精细化设计，适合老年人居住需求。同时利用二层空间做出不同高度的夹层及二层挑空空间，空间层次丰富，也便于老人与孩子互动交流。

　　　　　　　　　　——全国工程勘察大师、中国建筑科技集团首席专家　李存东

携手·轮回
——子女离巢后的墙体可变二老之家

▶ 居住者情况

1. 男性老人（68岁）

兴趣爱好：摄影、唱片；

自身情况：能自理、有腿疾，未来可能有轮椅使用需求。

2. 女性老人（67岁）

兴趣爱好：种植、聚会；

自身情况：能自理、视力差，需要增加室内采光、辅助类产品（图1）。

原住老人 —— 居家养老 兴趣活动 聚会活动

孙辈 —— 附近上学 随父母住 偶尔探望

子女 —— 子女离巢 就近居住 偶尔归巢

亲朋好友 —— 社交需求 经常造访 家庭聚会

图1　居住者情况

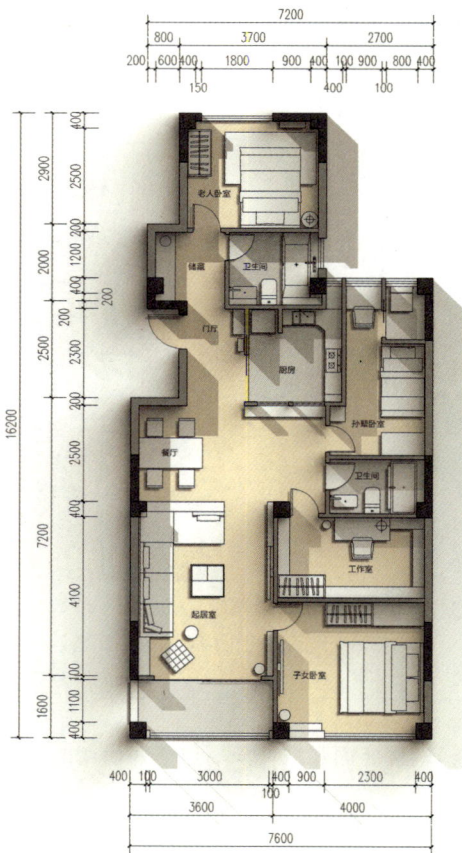

▶ 改造需求

原始户型：五口之家

需求户型：二老养老

男性老人：需要专属活动空间，保有隐私；需要使用轮椅。

女性老人：需要开放的聚会空间，亲友时常来陪伴；配置扶手和紧急呼叫装置。

共同需求：灵活空间、便利动线、适应生活需要。

图2　原户型平面图（改造前）

▶ 原户型现状分析

1. 空间

①卧室面积狭小，不满足适老需求，卫生间、工作室和厨房采光通风差；

②门厅堆放杂物，存在安全隐患；

③餐厅空间功能、流线混乱；

④户型被割裂成东西两个单一空间，布局闭塞，老年人活动受限。

2. 流线

仅有一条南北向流线，动线冲突，且缺乏回避空间和回游动线。

3. 功能

①功能分区混乱，起居室与阳台、厨房与卧室相互干扰；

②储物空间不足，物品随意堆放，多余卧室沦为杂物间；

③住户产生的生理和心理需求变化，目前的空间无法满足。

4. 部品

①卫生间、厨房部品布局不合理；

②缺乏必要的适老化构件。

▶ 新户型改造分析

1. 可移动墙体

通过预留顶部导轨和底部隐藏滑轮进行移动。住户可按照需求移动墙体，实现全屋适老、开阔有效、动线流畅无阻、回游适应变通、功能灵活可变（图3）。

2. 移除多余空间

扩大整体活动空间面积，增加变动可能性。

3. 优化分区流线

可移动墙体可形成不同模式的回游动线，适应老年人将来不同生命阶段。

4. 周期模式变动

自理阶段——二老独居，实现兴趣爱好的同时满足聚会、娱乐需求（图4）。

半自理阶段——满足轮椅活动、流线、视线声音交流等需求（图12）。

介护阶段——加入护理人员，南面空间扩大为介护阳光房（图13）。

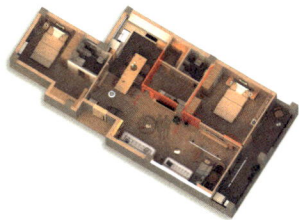

点评

作者通过多处推拉门的设计使空间可分可合，增加了空间的流动性。去掉一个小卧将厨餐合并成为较大的空间，使采光通风得到改善，并利于接待访客和家人聚餐。

女主人卧室
女主人拥有独立休息空间，增加卫生间和衣帽间

入户空间
门厅面积优化，增加储物空间和消毒洗手台

空间复合
起居室与多功能室通过智能遥控墙体调整私密程度

阳台空间
家政区与疗愈阳台结合，通过移动墙体调整空间大小

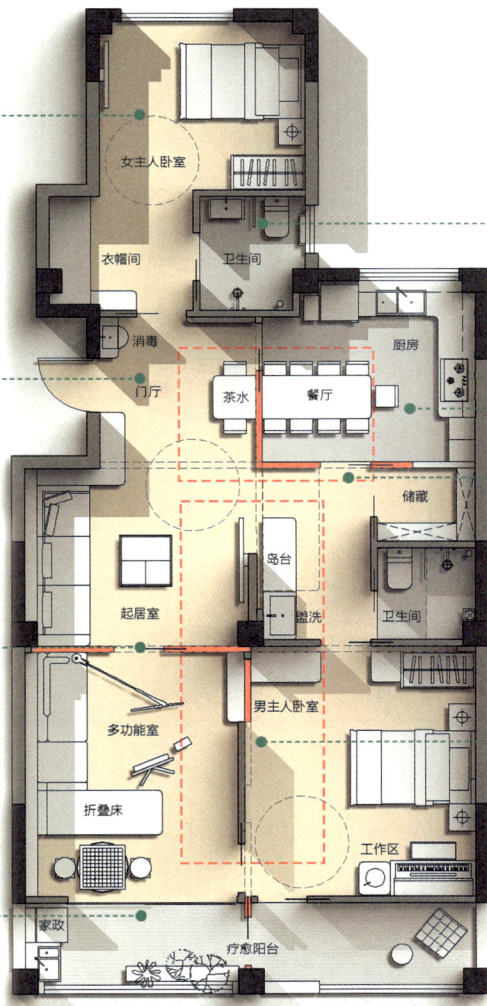

卫生间
两位老人拥有独立卫生间，均设适老化构件

餐厨空间
厨房与餐厅复合，优化采光，通过移动墙体可改变空间大小
岛台储物空间就近布置便于使用

男主人卧室
增加储物空间，设置工作区域，卫生间距离卧室近便于起夜，回游路线清晰

图3 移动墙体位置示意图

图4 自理阶段平面图（改造后）

■ 可移动墙体

▶ 墙体变化适应不同行为模式

根据空间的使用时间、使用人数、使用需求等变化，调节智能移动墙体改变空间以适应不同的场景需求（图 5）。

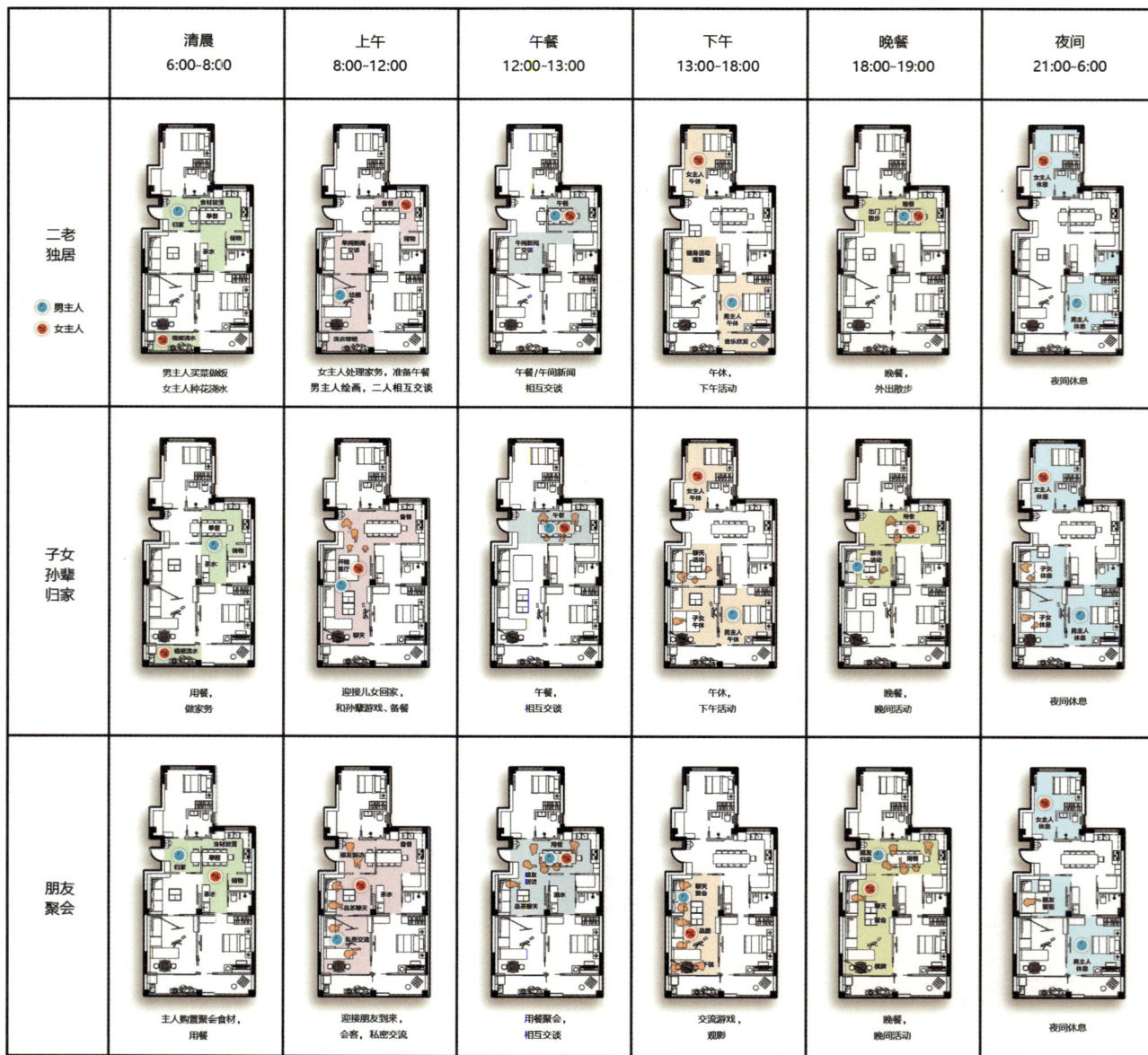

图 5　自理阶段空间模式图

▶ 模型及效果图示意

　　智能移动墙体通过顶部导轨变换位置从而改变空间属性，细部构造加以适老化改造，最大程度地满足老年人全生命周期的生理和心理需求（图6~图11）。

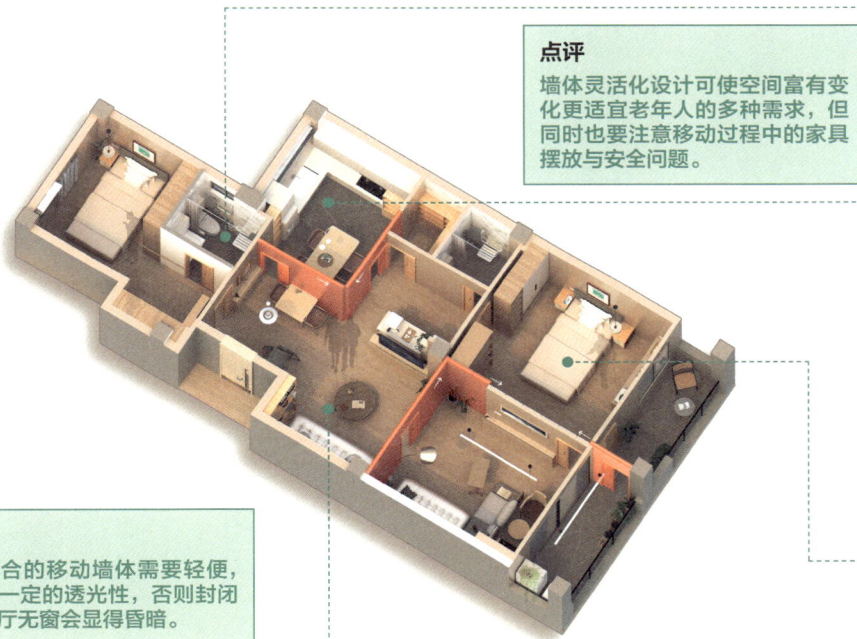

图 7　卫生间·适老化构件改造

点评
墙体灵活化设计可使空间富有变化更适宜老年人的多种需求，但同时也要注意移动过程中的家具摆放与安全问题。

图 8　餐厅·桌椅扶手一体化

图 9　卧室·电视柜扶手一体化

点评
可分可合的移动墙体需要轻便，并具有一定的透光性，否则封闭后起居厅无窗会显得昏暗。

图 6　模型示意图

图 10　开放模式·子女归家或亲友聚会

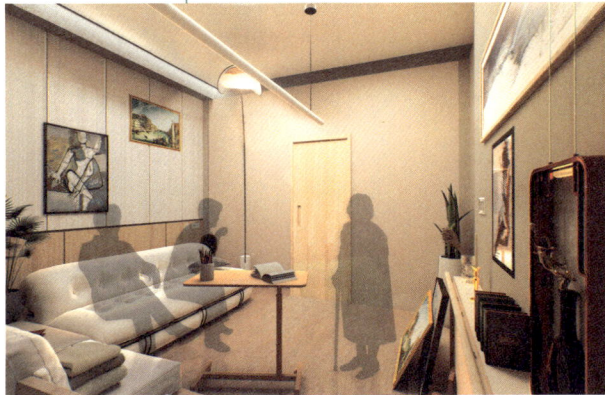

图 11　私密模式·休憩或临时卧室

▶ 适应不同生命周期

根据使用者生命周期的变化，调节智能移动墙体改变空间和流线以适应使用者的生理特点变化，且可进行周期循环（图13、图14）。

1. 基于泛迟老化，根据使用者人数、使用场合等的不同改变墙体位置，创造满足使用需求的空间；
2. 根据使用者的生理状况，改变墙体位置，优化主次空间面积，改善行动流线；
3. 全屋周期可循环，适应不同业主需求；
4. 全屋回游居家康养宅。

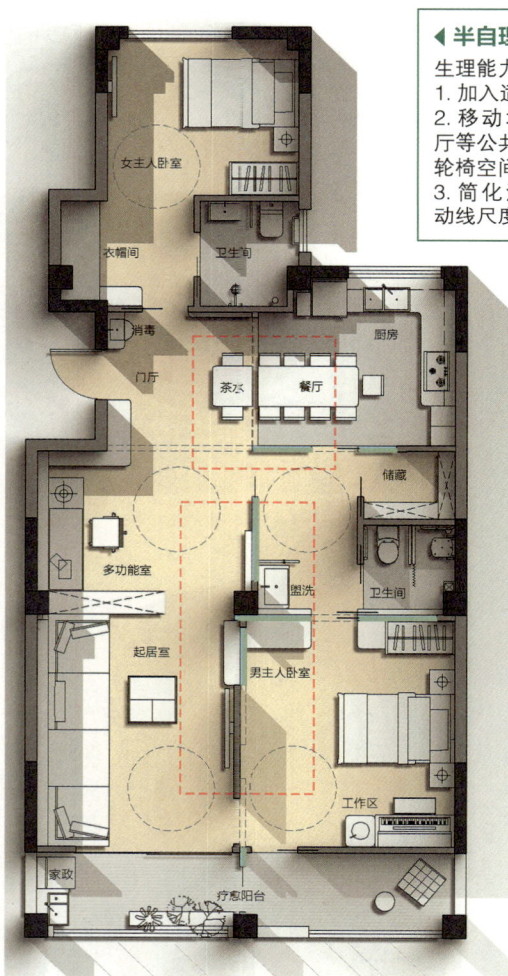

图12　半自理阶段平面图

◀ 半自理阶段

生理能力下降，兴趣减退
1. 加入适老化构件
2. 移动墙体，减少客餐厅等公共区域阻碍，预留轮椅空间
3. 简化流线，调整回游动线尺度

介护阶段 ▶

需要介护，子女偶尔回家
1. 南面起居室、卧室，阳台集成为康养卧室，为老年人主要活动区域。加入康养工具和兴趣功能
2. 原弹性空间变为介护空间，位于户型中心
3. 原女主人卧室变为子女归家备用卧室

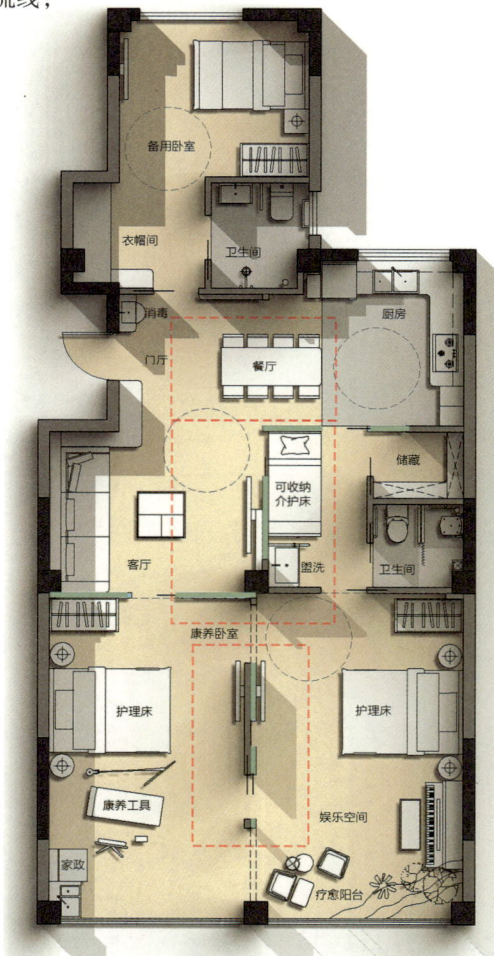

图13　介护阶段平面图　　　　■ 可移动墙体

点评

在平面图中设计轮椅转圈时，不是在每个空间的空地上画一个圈即可，而是要了解它的用途是什么。比如在厨房中应能使轮椅便于在水池和炉灶间移动操作。卫生间中也应该在坐便器和淋浴区处设计转圈空间。

▶ 平面尺寸详图

户型细部、平面尺度、适老化构造尺寸等按照老年人使用需求进行调整和改造（图 14 ~ 图 17）。

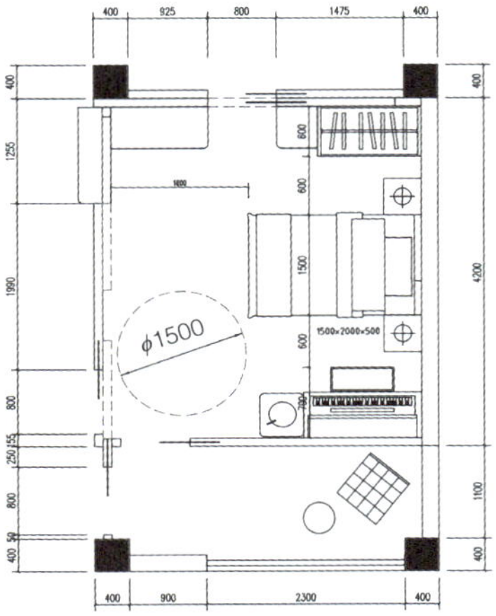

图 14　男主人卧室平面详图

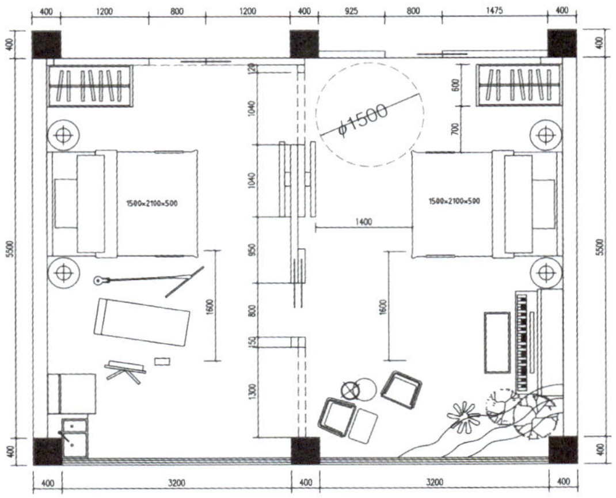

图 15　康养卧室平面详图

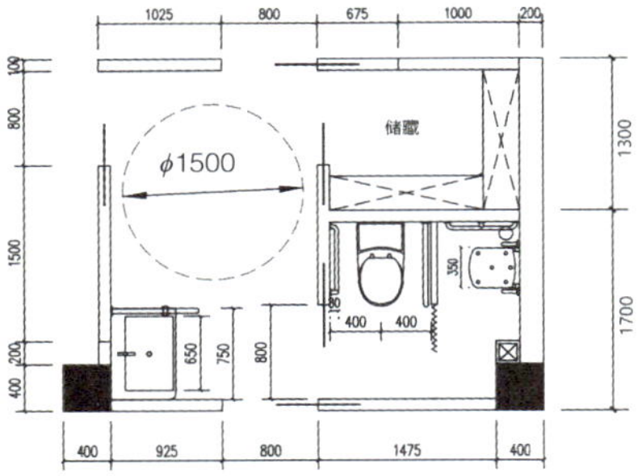

图 16　卫生间平面详图

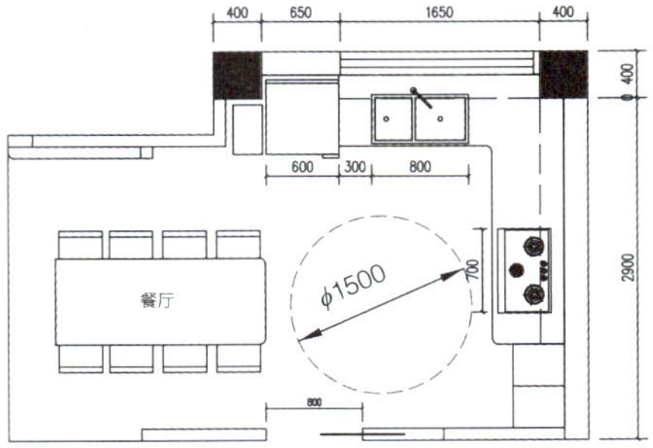

图 17　餐厨平面详图

评委点评

　　本作品结合老人身体机能的三个阶段变化，利用可变墙体实现住宅空间转换，通过智慧系统增加老人生活的安全性和便捷性。

　　三个阶段可变性：自理阶段，各区功能分明，满足多场景需求；半自理阶段，通过移动墙体，减少行动阻碍，简化流线；介护阶段，空间弹性调整，满足康养需求。

　　设计者特别考虑了智能化设计用智慧系统带来生活便利，智能断电提高管理性，智能监测 / 智能门磁提升安全性，智能药箱提升便捷性。

　　总而言之，设计者通过空间的可变性让住宅拥有更多延展，用智慧性给老人带来更多的便利和安全。

——海尔集团 CTO 国家高端智能化家用电器创新中心总经理　王晔

老来相伴
——基于两位老人行为需求与老年全周期的改造

扫描观看视频

▶ 居住者情况

1. 72 岁 曾爷爷

患中轻度膝骨关节炎，外出需借助拐杖。平时喜欢邀请亲朋好友来喝茶下棋。

2. 69 岁 刘奶奶

基本能自理，与老伴同住一间卧室以便互相照顾，未来会考虑请护工帮忙。平时接送孙女放学。喜欢看书，有囤积物品的习惯。儿子一家住在附近，时常上门探望（图1）。

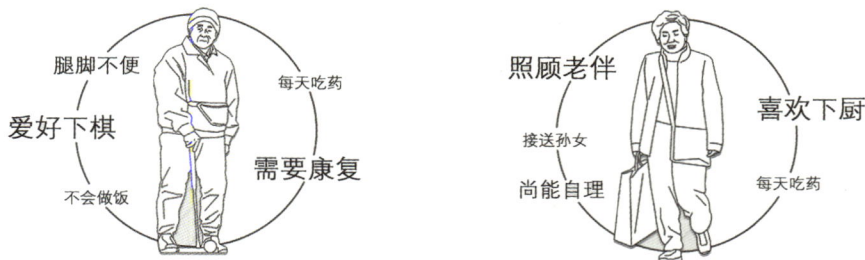

▶ 居住问题

1. 客厅的自然通风和采光不良，舒适性差；

2. 缺乏门厅；

3. 厨房空间局促，缺乏系统收纳设计；

4. 卫生间干湿未分离，容易积水，且门槛有绊倒风险（图2）。

图 1　居住者情况

腿脚不便　每天吃药　爱好下棋　需要康复　不会做饭

照顾老伴　喜欢下厨　接送孙女　每天吃药　尚能自理

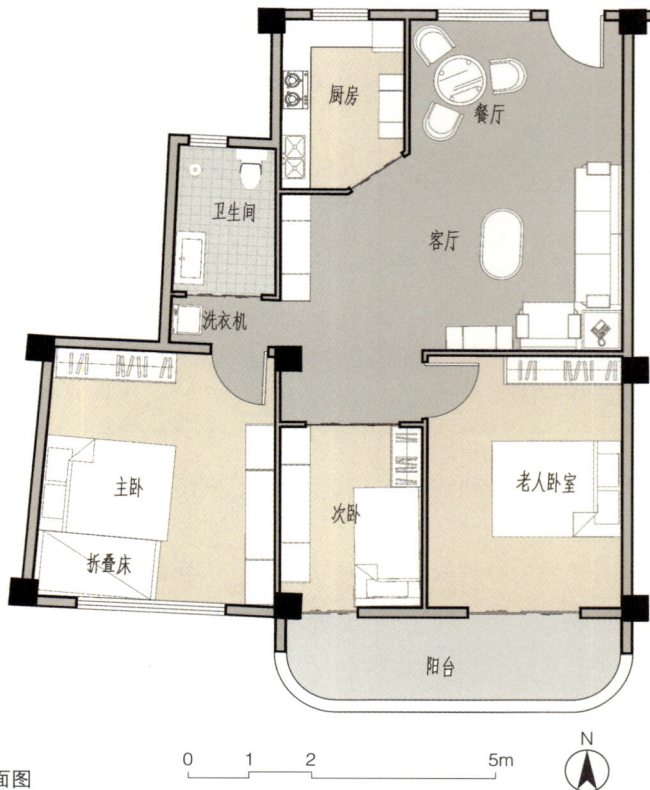

图 2　原户型平面图

厨房　餐厅　卫生间　客厅　洗衣机　主卧　折叠床　次卧　老人卧室　阳台

0　1　2　5m　N

▶ 改造设计要点

1. 取消客厅与南向卧室的隔墙，增加客厅的南向采光，打造空间通透性，形成回游空间；

2. 形成开敞式餐厨空间，同时将餐厅与客厅一体化设计，方便老人做饭与家人交流互动；

3. 增设茶室、书房，洗衣房置于阳台。根据老人的需求，增设多功能间，并考虑空间的弹性适应，可作为临时客卧或未来老人分房间睡作为另一间卧室，也可设置为护理间；

4. 卧室靠近卫生间，方便老人起夜；床边设置连续的隐形扶手与感应照明，让老人起夜更安全；

5. 卫生间干湿分离，同时扩大卫生间的面积，便于老人使用。

设置开放式厨房，便于老人做饭时候的视线照看

扩大门厅，增设换鞋凳、置物柜，更适合老人出行前后更衣换鞋

扩大卫浴面积，消除高差，同时实现干湿分离

餐厅与客厅一体化设计，打通视线

衣柜书桌设置隐形扶手，便于老人起夜挽扶。床边的书桌方便家人陪伴老人

增设茶室，兼作客房；后期有分房需求可变更为奶奶的房间

冰箱
门厅
换鞋凳
厨房餐厅
露空柜体
便于厨房与门厅视线联系
可拉伸餐桌
推拉椅
置物台面
淋浴间
长条形地漏
推拉门
客厅
取消隔墙
卫生间
药品收纳柜
水吧
置物台
（带隐形扶手）
推拉门
可移动储物柜
智能护理床
主卧
观察窗
内置折叠床
可拉伸榻榻米
书房
茶室
阳台
升降晾衣架
洗衣机
多功能室
次卧

800
800
800

0 1 2 5m

N

点评

将厨房和老人卧室的墙打开后，空间变得自由灵动、豁然开朗。但方案将厨房窗进行了改动，牵扯到外立面，一般不会被允许。

预留看护观察窗，书房现阶段作为老人日常使用及孙女放学写作业空间，未来可作为护理房

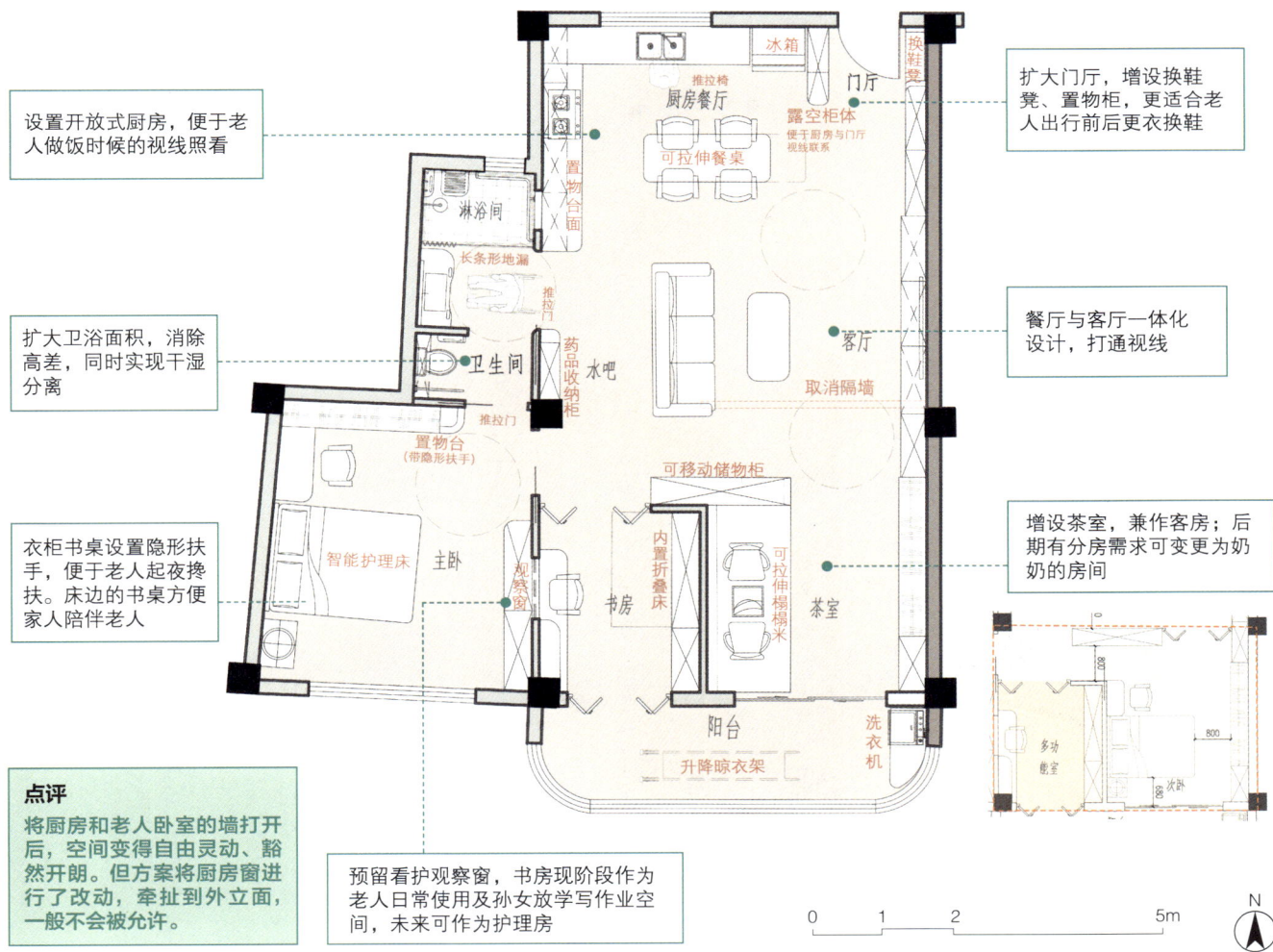

图 3 改造设计分析

▶ 形成回游动线，加强采光通风

将厨房与客厅的隔墙，以及其他局部隔墙打开，形成全屋回游动线，便于老人行走，并满足日后轮椅的通行需求（图4、图5）。改善原客厅昏暗的状态，增加南北空气对流。将原本较为闭塞的空间打开，便于老人相互交流、就餐时观看电视等（图6、图7）。

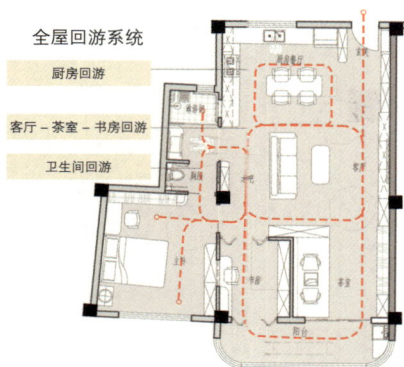

图4　动线分析

图5　视线分析

图6　采光通风分析

客厅与原卧室的隔墙打开后，将阳光引入客厅，并与次卧改造的茶室空间视线相通，便于两位老人互相照看

图7　客厅效果图

▶ 餐厨起空间融合

原有的厨房格局较为封闭，在一定程度上对声音的传播以及视线的交互造成了阻隔。经过重新规划设计，空间实现了一体化布局。当奶奶在厨房烹饪时，能够与坐在客厅的爷爷顺畅交流，打破了以往的隔阂；并且煮好的饭菜可以便捷地直接端上餐桌，优化了用餐流程，极大提升了生活的便利性与互动性（图8、图9）。

图 8　厨房餐厅效果图

图 9　厨房、餐厅、客厅空间合一

空间及部品设计理念

在门厅区域新增了鞋柜、收纳柜、换鞋凳以及挂衣钩等一系列设施，有效解决了此前鞋子随意摆放、杂乱无章，以及老人换鞋困难等诸多问题。

其中，鞋柜的中部设置台面，这一设计不仅为老人提供了便利，使其归家后能够顺手将外购物品置于此处，无须费力寻找放置之处。同时，在鞋柜的转角部位设计了把手，老人在行走转弯过程中，能够借助把手稳定身体，避免因行动不便而发生磕碰摔倒等意外状况，提升了老人在室内活动的安全性与舒适度（图 10）。

图 10　门厅考虑坐姿换鞋及置物空间

全屋中心——水吧

鉴于两位老人的身体情况，日常需规律服用药品与保健品，故而在全屋的核心区域精心设置了水吧及药品专用收纳柜。如此布局，既能为老人提供便捷的饮用水源，满足日常服药需求，又便于老人就近对药品、保健品进行分类归置与妥善收纳，极大地提升了他们自主管理药品的便利性（图 11）。

图 11　水吧可方便病人日常服药

活动中心——客厅

针对此前客厅不规则的空间布局，进行了优化调整，旨在提升空间利用效率与居住体验。与此同时，拆除原有部分墙体后，将南向自然采光引入客厅空间，极大地改善了室内的采光条件，使得整个客厅明亮通透，提高了客厅的舒适性。考虑到家中老人的日常需求，在客厅增设电视机，丰富了老人的日常休闲娱乐，在一定程度上缓解了两位老人可能产生的孤独感（图 12）。

图 12　客厅采光效果良好

全天照护——观察窗

在卧室与看护室之间设置了观察窗，夜间时段，光线昏暗且环境静谧，老人可能会在睡眠过程中出现身体不适、起夜或其他突发状况，而此时看护人员无法时刻处于老人身边近身查看。借助观察窗，看护人员能够以非侵入式的方式，及时、敏锐地捕捉到老人的细微动静、姿态变化或发出的微弱信号，进而精准洞察老人的即时需求与身体、精神状况，迅速做出专业且恰当的回应（图 13）。

图 13　卧室与看护室之间设观察窗

心理照顾——扶手设计

在日常生活场景中，老年人于卫生间内摔倒受伤的风险颇高。传统的普通扶手在厕所环境里往往显得生硬且突兀，容易给老年人带来一定程度的心理压力与刺激，进而可能影响他们对扶手的使用意愿。鉴于此，我们对屋内部分扶手进行了隐形化与融合性设计，在发挥防护功能、避免老人摔倒受伤的同时，巧妙地弱化了因突兀感而引发的心理不适，给予老人更为贴心、人性化的关怀（图 14）。

> **点评**
> 卫生间坐便器旁的扶手板上开较大的洞口没有太大必要，容易被压坏。

图 14　坐便器旁扶手与台面结合设置

评委点评

本作品通过调研和目标设定，选取了老年人后期发展的三个阶段：活力、介护、护理作为设计改造依据，改造设计实现了三个阶段流线的叠加和空间的预留，亮点是卫生间设计得十分到位，将各使用功能分别独立，既方便使用，空间之间又有联系、尺度适宜、位置设置合理、交通动线便捷、视线好；适老化设施设计考虑得亦比较细致。

——北京市建筑设计研究院股份有限公司总建筑师　刘晓钟

设计者：施扬航、蔡志就　　指导者：刘芳、陶伊奇、张玲
单　位：深圳大学

会"变老"的套型
——基于老人生命周期的适老化改造

扫描观看视频

▶ 既有住区普遍存在适老问题

既有住区的户型单一，难以满足不同介护等级、生活习惯的老年人的多元需求。居家养老缺乏系统性、前瞻性、灵活性，未能从老年人的全生命周期角度出发进行整体性改造。适老化不足，缺乏电梯、扶手、警报等无障碍措施。杂物过多，缺少储藏间，导致杂物肆意摆放堆砌（图1）。

▶ 整体改造策略与理念

针对以上问题，我们希望通过加装电梯和设计灵活可变的室内空间，实现围绕老人全生命周期的适老化改造。将各个房间设计成模块，通过移动模块之间的隔墙，形成不同宽度的房间，从而满足三种介护等级的需求。最终形成自理老人—半介护—全介护三种户型，提高户型的灵活性，给住区的多元老人住户提供改造选择。

本方案以一套建于20世纪90年代的两居室户型为例，该户型所在的楼栋尚未配备电梯。住户为一对老年夫妇，户型为两室一厅。该户型存在空间尺度狭窄、房间布局不适老等诸多问题，难以满足老年人的居住需求（图2）。

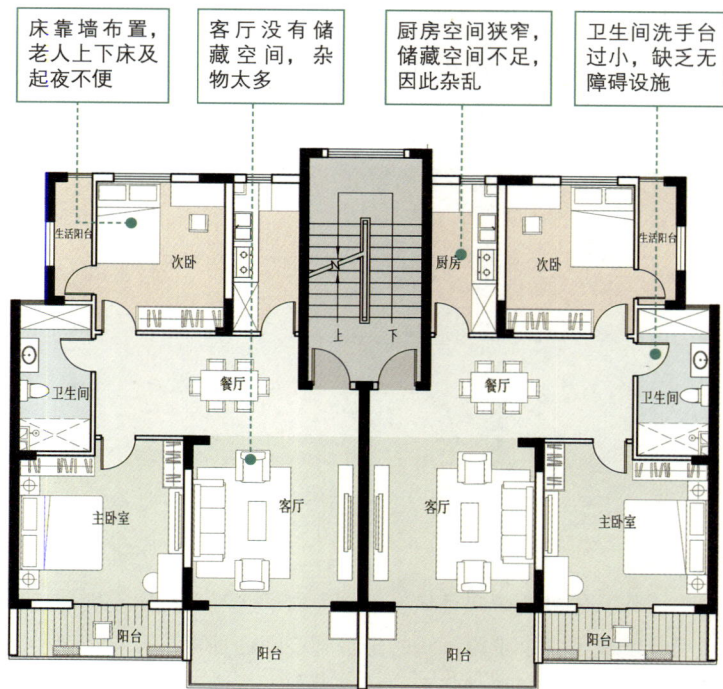

▶ 既有住区适老化背景

难以上楼出行受限　缺乏电梯
年龄多样类型多元　老年人多
类型单一不够适老　居家养老
设施陈旧地面光滑　房屋老化
空间有限生活不便　空间局促

图1　既有住区现状与老年人的需求不匹配

床靠墙布置，老人上下床及起夜不便

客厅没有储藏空间，杂物太多

厨房空间狭窄，储藏空间不足，因此杂乱

卫生间洗手台过小，缺乏无障碍设施

图2　原户型问题

休闲阳台　预留轮椅回转　两侧下床　台面软扶手　坐浴凳　扶手　坐便器1　坐便器2　预留轮椅位

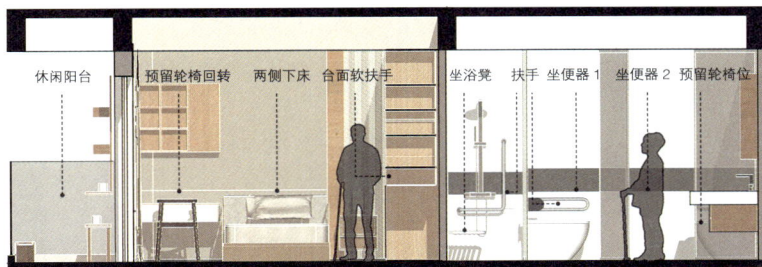

图3　卧室—卫生间剖面图

▶ 自理老人户型及分析

自理状态下，老人的身体机能较好，行动自如，活动范围大。扶手用于避免意外。两个老人独立居住，无须护工协助，可以独立自主生活。增加扶手、防滑材料等保障措施提升安全性，辅助老年人的日常生活。利用南侧阳台空间增加入户的担架电梯，减少对原有住区的场地破坏（图3）。

平面图及分析

次卧增加连续台面与储物空间

卫生间扩大，满足二位老人同时如厕需求

卧室两侧下床，预留存放轮椅空间

厨房扩大，老人做饭可互相帮助

客厅增加扶手，预留空间增加弹性

利用南侧阳台，增加平接入户电梯

图4　自理老人平面图

点评
卫生间中两个坐便器相对布置感觉不太舒服，最好可以错位摆放（如下图）。

模块化房间细部分析

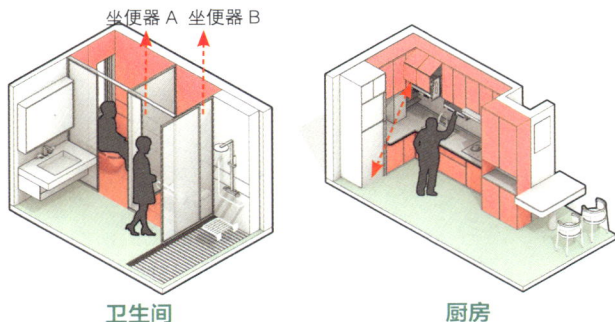

坐便器A　坐便器B

卫生间
增设厕位、台面、坐浴凳、扶手等无障碍措施

厨房
增加储物空间，减少杂物堆积，提升空间使用效率

图5　自理阶段模块化细部分析图

改造后效果示意图

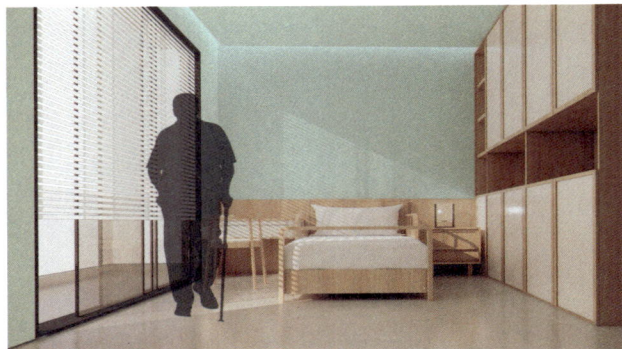

双侧下床、台面软扶手
图6　改造后卧室的床居中摆放，方便两侧下床和增加扶手

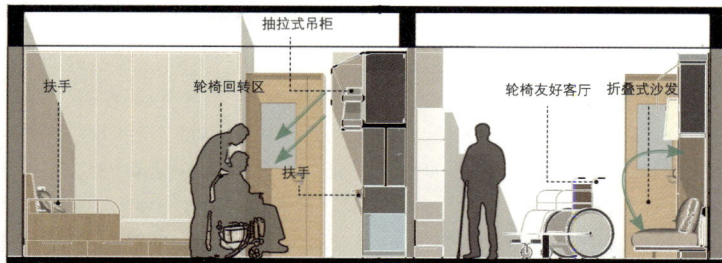

图 7　卧室—客厅剖面图

▶ 半介护老人户型及分析

在半介护的状态下，老人的身体机能有所下降，需要依靠轮椅出行，活动范围也因此受到限制。为了更好地支持独立生活，扶手成为辅助设施。二位老人共同居住，互相照料，同时白天需要护工提供必要的协助，能够半独立地完成洗浴和做饭等日常活动。此外，还需要为护工安排午休的空间（图 7）。

平面图及分析

新增储物间与护工午休空间

卫生间能轮椅回转，增加独立厕位

卧室扩大，老人共司居住互相照料

厨房扩大，利于护工协助老人做饭

客厅沙发可折叠，变成多功能室

阳台扩大，兼作入户门厅与花园

图 8　半介护老人平面图

模块化房间细部分析

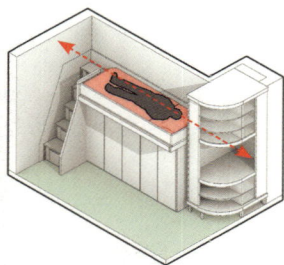

储物间
增加储物间，上床下柜，护工可在此处午休，具有灵活性

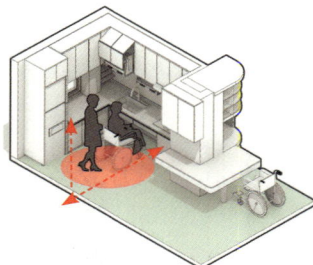

厨房
留有轮椅回转空间，设置连续的台面，利于老人进出

图 9　半介护阶段模块化细部分析图

改造后效果示意图

台面下部柜局部留空方便轮椅插入使用，上部可安装抽拉吊柜（图 10）。

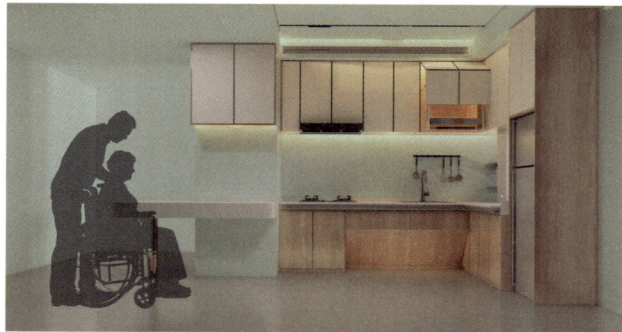

图 10　厨房效果示意图

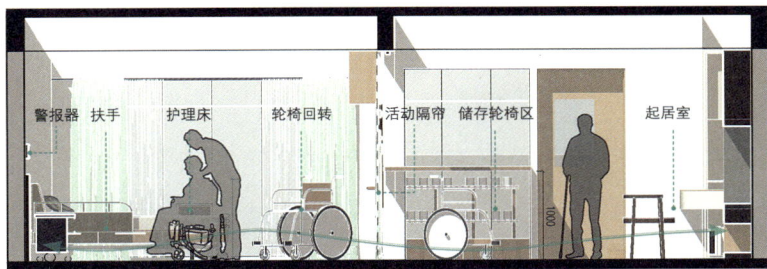

图 11 卧室—客厅剖面图

标注：警报器　扶手　护理床　轮椅回转　活动隔帘　储存轮椅区　起居室

▶ 全介护老人户型及分析

高介护状态下，老人的身体机能显著下降，经常卧床，活动范围较为集中，可将卧室—客厅—卫生间集中布置，缩短流线。扶手起短暂支撑作用。老人共同居住同时需要全天的介护，需要护工进行助浴、助厕、助餐。紧急情况下还需考虑担架出入的情况；护工也需要自身独立的生活起居空间（图 11）。

平面图及分析

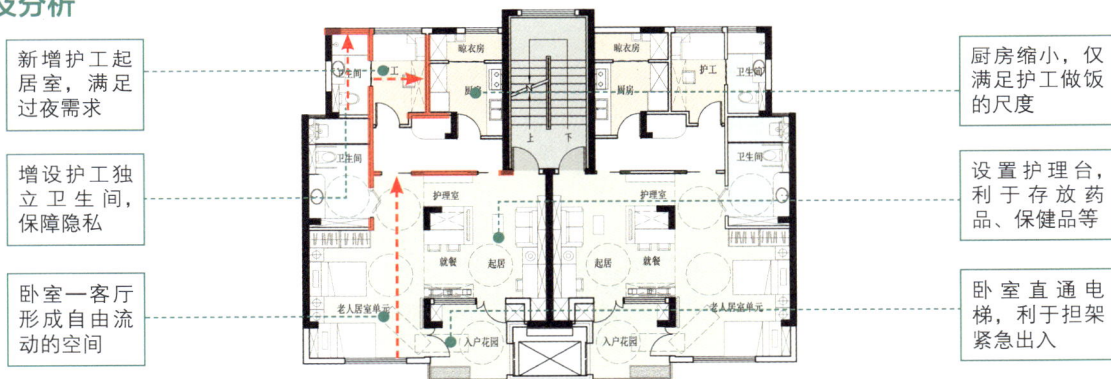

- 新增护工起居室，满足过夜需求
- 增设护工独立卫生间，保障隐私
- 卧室—客厅形成自由流动的空间
- 厨房缩小，仅满足护工做饭的尺度
- 设置护理台，利于存放药品、保健品等
- 卧室直通电梯，利于担架紧急出入

图 12　全介护老人平面图

模块化房间细部分析

点评
方案在全介护阶段将老人的卧室与餐起空间合在一起方便护理，也使老人对整个家庭有掌控感，考虑周到！

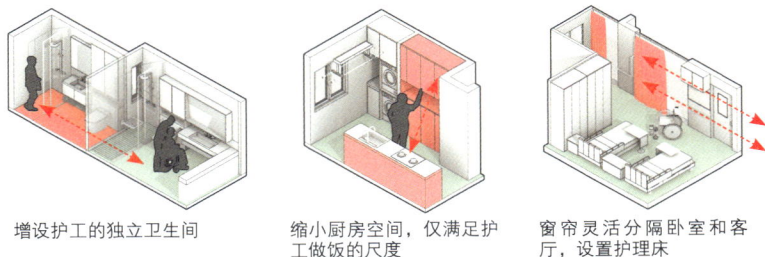

增设护工的独立卫生间　　缩小厨房空间，仅满足护工做饭的尺度　　窗帘灵活分隔卧室和客厅，设置护理床

图 13　全介护阶段模块化细部分析图

评委点评

作品畅想了一种可伴随老年人一起变老的户型，设计从多层住宅加装平层入户电梯出发，通过卫生间和主次卧室空间分割和开口的变化，适应自立、半自理和护理阶段老年人居家和照护的需求，虽然学生作者对围护结构和设备管线的认识尚比较稚嫩，但其大胆的构想对于未来发展适变性全生命周期住宅具有一定启发性。

——清华大学建筑学院建筑系主任、博士生导师　程晓青

宋悦禧居
——宋式美学养老居

扫描观看视频

▶ 居住者情况

两位老人与女儿同住，套内面积 138.9m²。

▶ 改造需求

1. 消除地面高差，保证通行安全；

2. 加强空间互动性，家人能照看彼此；

3. 调整功能区位置，优化动线，提高使用便捷性。

何叔（75岁），退休教师
身体状况：良好无基础病，伤腿不能久站

何姨（72岁），退休教师
身体状况：良好无基础病，自理能力较好

小何（38岁），在职人员

何姨："不方便的地方很多。进门没地方换鞋；炒好的菜端去餐桌要走很远，我每次都战战兢兢的；洗衣服也不方便，要先去小阳台洗衣，再去大阳台晾晒。"

何叔："主卫太靠里了，有事喊人外面听不到，所以我们洗澡都在公卫，而且公卫比走廊高一个台阶，容易绊倒，之前我脚受伤坐轮椅的时候，自己推不进去。"

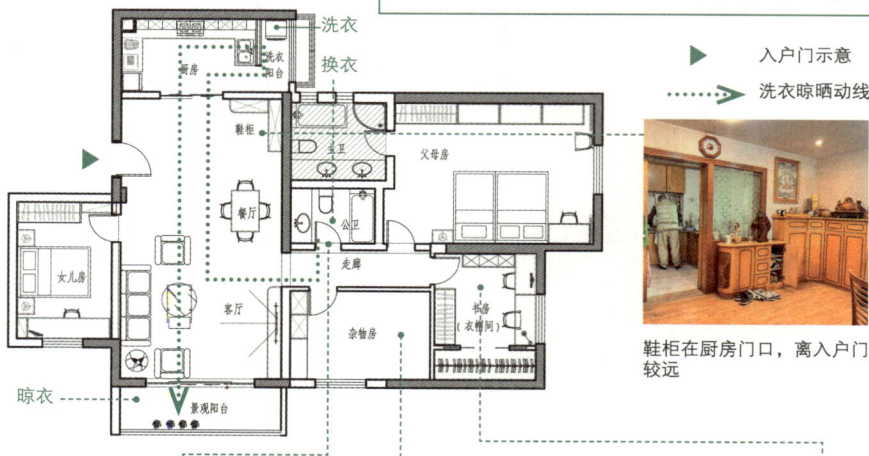

小何："我爸妈经常在书房使用电脑，看股市或者剪视频啥的，且书房里东西堆太多了，总害怕他们被绊倒，而我在客厅或者厨房看不到书房里面，会很担心（图1）。"

▶ 入户门示意
┄┄┄> 洗衣晾晒动线

鞋柜在厨房门口，离入户门较远

后加建的卫生间与室内存在高差

杂物间缺少柜子，物品无序堆放

书房被杂物挤占，活动空间受限

图1 原户型问题

图2 客厅及茶室设计效果示意图

▶ 设计理念

1. 以适老化改造为核心，消除地面高差，全屋实现无障碍通行；

2. 把长者高频活动区集中布置，通过减少隔墙、增加软隔断的设计手法，构建连续互通的生活界面，保证空间开敞和视觉连通，既保障长者日常活动安全，又实现居家照护"一眼到底"的便捷性；

3. 重塑居住动线，解决"换鞋远""端菜远""洗晾远"的问题，为长者"减负"；

4. 重构卫浴空间，既保证从父母房能快速到达，又满足多人同时使用卫生间的需求。

点评

将两个卫生间打通，形成回游动线，巧妙的布局是作品的设计亮点！原来的暗卫有了较好的采光，整个卫浴空间显得通透明亮。

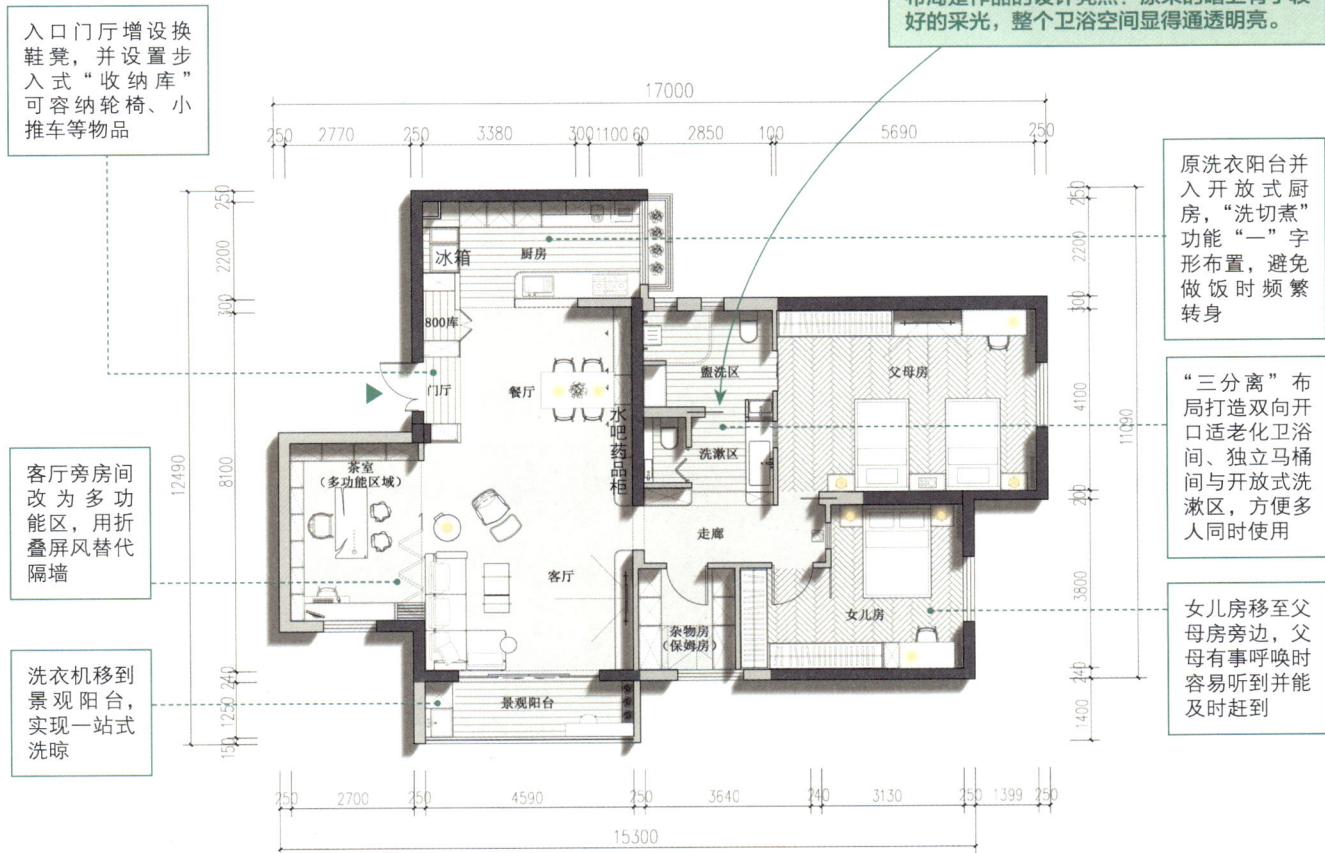

入口门厅增设换鞋凳，并设置步入式"收纳库"可容纳轮椅、小推车等物品

客厅旁房间改为多功能区，用折叠屏风替代隔墙

洗衣机移到景观阳台，实现一站式洗晾

原洗衣阳台并入开放式厨房，"洗切煮"功能"一"字形布置，避免做饭时频繁转身

"三分离"布局打造双向开口适老化卫浴间、独立式马桶间与开放式洗漱区，方便多人同时使用

女儿房移至父母房旁边，父母有事呼唤时容易听到并能及时赶到

图3 改造后平面图

▶ 客厅、餐厅改造说明

　　原客厅旁女儿房改为集成茶室、书房功能的多功能房间，以折叠屏风替代隔墙，与客厅可分可合；厨房改为开放式布局，主操作台面向餐厅与客厅，方便家人间的互动和照看（图4、图5）。

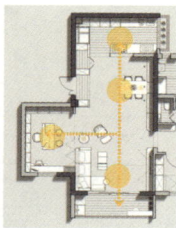

活动点位分析图　　　　看护视线分析图

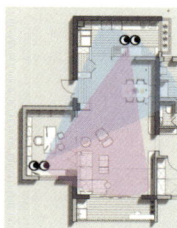

图4　客、餐、厨区域分析图

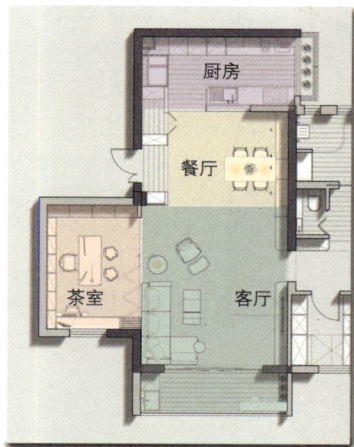

图5　餐桌可沿导轨移动，灵活调整空间

▶ 室内色彩设计分析

　　宋式美学设计风格，以其清、简、雅、正的独特美学结构著称，追求温雅的审美情趣，强调文化底蕴的展现。米白色基底灵感来源于素雅的绢绸，构筑澄明雅静的空间气质；原木色家具带有亲近自然的质感，赋予长者温润踏实的触觉反馈，营造温馨的居家氛围；橙红色背景墙取意自宋瓷的钧红釉，以局部跳色活化空间精神，向居住者传递热情与生机；厨卫墙砖如琉璃绿瓦，象征自然和谐，具有舒缓身心的作用，同时以高饱和度的色彩建立适老空间的安全视域（图6）。

基础色　　　家具色

点缀色　　　点缀色

厨房操作时可以照看到客餐厅的情况　　餐边柜中部敞开，方便拿取　　餐边柜内嵌导轨，餐桌可沿导轨移动　　水吧台和药品柜，兼顾客厅、餐厅使用

图6　厨房、餐厅、客厅间视线通达

▶ 厨房、门厅改造说明

改造后厨房"洗切煮"功能动线呈双"一"字形布置，降低长者因频繁转身导致身体不稳而跌倒的概率（图7）。

入口增设门厅，满足坐着换鞋及收纳物品的需求（图8）。

电磁炉代替煤气灶，老人使用更安全

竖杆辅助站起，亦可握扶作踮脚锻炼

防滑地砖　　一体式水槽洗碗机

换鞋凳底部悬空，放常穿鞋

图7　厨房绿褐配色，古典高级不易脏　　　　图8　门厅设镂空窗口，坐在沙发上能看到门口

洗衣机移至景观阳台，一站式洗晾　　折叠屏风分隔客厅和茶室　　　　步入式门厅储物区

图9　客厅沙发背后是茶室，屏风折叠收起时，客厅与茶室空间连通

▶ 卧室、卫生间改造说明

主卧、浴室满足无障碍通行要求，地面无高差，通道宽度满足轮椅使用要求；马桶间、洗漱区采用墙面走管排水技术，消除加建部分地面高差；无障碍卫浴内部只设软隔断，为助浴预留更大的操作空间。

适老化卫浴向两个方向开门，家人分区同时使用，亦可作为父母房的套内卫生间，方便老人使用。

父母房、适老化卫浴间、开放洗漱区及走廊形成回游动线，提升以后轮椅通行的便利性，同时加强屋内的采光通风（图10~图16）。

使用浴帘、贯穿式排水地漏划分淋浴区，地面不设挡水条，平整更安全

换衣凳

旋转式观察窗

两张床并列摆放，相距900mm，方便换洗床单，也为以后可能设立家庭病房预留空间

图10 适老化卧室、卫浴套间平面图

台面边沿翻起，避免物品掉落

床头助起扶手

观察窗

床尾板可撑扶

台面可撑扶

图11 父母房效果图

图12 卧卫浴回游动线

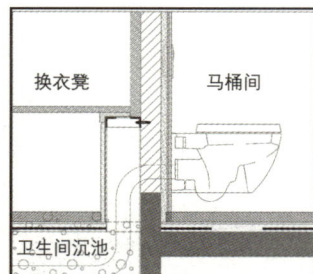

换衣凳

马桶间

卫生间沉池

图13 墙排走管示意图

电热毛巾架

可折叠
坐浴凳

换衣凳

贯穿式排
水地漏

防滑地砖

图 14 适老化卫浴功能完整，可供轮椅通行

主卧观察窗

台盆下内
凹，预留轮
椅或座椅容
腿空间

防滑地砖

图 15 洗漱区台盆大单槽设计，方便随手清洗衣物

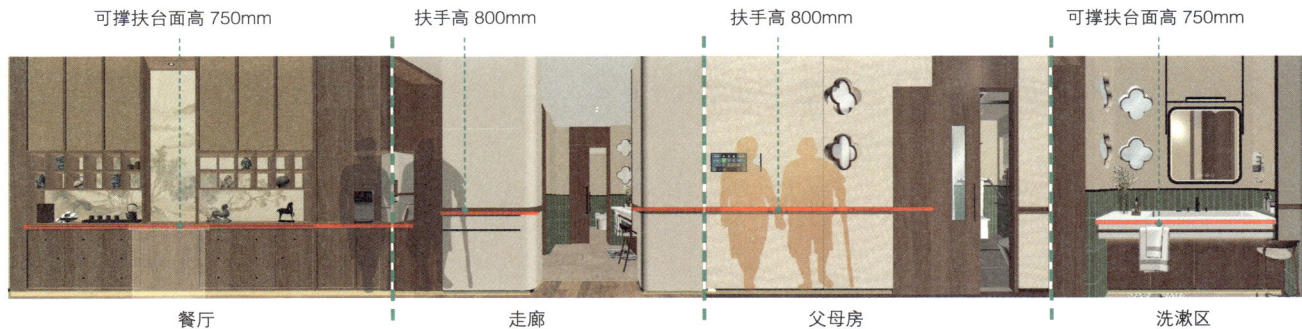

可撑扶台面高 750mm　　　扶手高 800mm　　　扶手高 800mm　　　可撑扶台面高 750mm

餐厅　　　　　　走廊　　　　　　父母房　　　　　　洗漱区

图 16 父母房至卫生间、走廊、餐厅，沿途设有扶手或柜体可供撑扶

评委点评

　　该作品对空间进行了很好的优化调整，比如将洗衣机置于大阳台使洗晾集中、扩大中部走廊、连通两个卫生间等，可以看出设计师十分注重空间的开敞性和采光通风性能，并且考虑了轮椅、担架的通行。设计中还将女儿房进行了移位，使起居室旁的卧室成为一间多功能房，给予了老人晚年生活更多的可能性，老人可以在这里开展多种兴趣活动。另外本作品从宋式美学入手，讲究色彩搭配，也相对符合老人的审美。

——清华大学建筑学院教授、博士生导师　周燕珉

专项奖

给父母打造各自兴趣空间

扫描观看视频

▶ 居住者情况

爸妈今年 70 岁，老两口可以照顾自己。爸爸会多种乐器，坚持写日记 20 年；妈妈喜欢看电视剧，一天看好几集。

▶ 居住问题

1. 父母目前分房睡，这样打呼噜不会吵醒老伴。佀每个房间都是双人床，导致卧室仅剩下狭窄的过道。13m² 的大卧室只睡一个人，连一张椅子都放不下。而采光最好的小卧室，却只能用来睡觉，有些浪费空间。

2. 旧书桌的抽屉轻厚，父亲坐进去会挤压大腿，每次写日记都是不舒服的坐姿。

3. 老两口喜欢的电视节目完全不同，坐在客厅沙发上一起看电视，每天都要无聊地等待对方看完后再换台。

4. 20 世纪的旧家具内部空间被物品堆积，收纳和取用都很麻烦，总是找不到需要的东西。旧床垫也不舒服。

▶ 改造需求

1. 父亲晒着太阳也能睡着，把他的爱好集中到采光最好的房间，打造一个弹琴书写的兴趣空间。

2. 妈妈睡觉必须遮光，采光稍差的卧室更适合看投影，躺在智能床上舒服追剧（图 1）。

▶ 母亲卧室改造分析

柜顶储物，老人踩凳子取物，跌倒风险高

衣柜过道 0.65m，狭窄空间双开柜门拿衣服憋屈不方便

没人用的梳妆台挡路

13m² 房间放 1.8m × 2.4m 大床，只睡一位老人，有限空间被无效功能占用

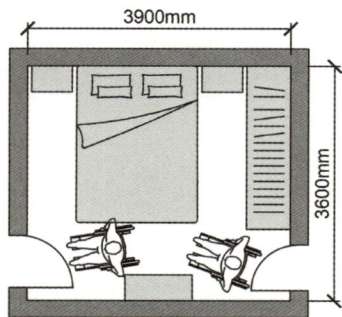

图 1　母亲卧室改造分析图

3900mm

3600mm

改造前轮椅通行不畅

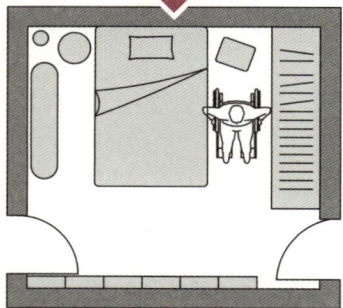

改造后道路通畅，轮椅可挪到床边

开启隐藏功能，秒变护理床

▶ 不拆不砸，只换软装也能明显改善居住舒适度

1. 撤掉妨碍轮椅通行的梳妆台，用 17cm 超薄翻斗柜覆盖整面墙（图 2）；2. 常用物品放在上层翻斗柜，取用过程最大程度减少老年人弯腰；3. 柜子台面有挡条，随手放零碎不会掉落。凸起边缘还是隐形扶手（图 3）。

图 2　去掉梳妆台

床换成 1.5m 宽，衣柜过道加宽至 0.85m，取物换衣周转空间充足，不再局促。同时保留双人床功能备用

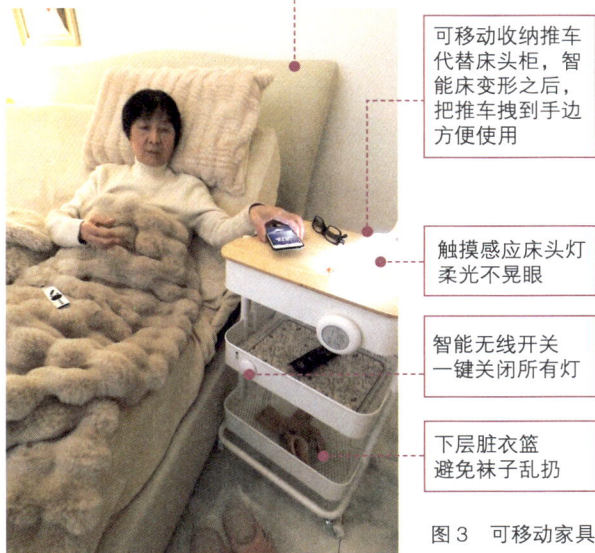

可移动收纳推车代替床头柜，智能床变形之后，把推车拽到手边方便使用

触摸感应床头灯柔光不晃眼

智能无线开关一键关闭所有灯

下层脏衣篮避免袜子乱扔

图 3　可移动家具

点评
床头设置"一键关灯"十分贴心。需注意老人起床时可能会撑扶小推车，须确保其稳定性。

▶ 妈妈喜欢追剧，给她搭个卧室私人影院

智能床可根据妈妈的喜好调整到最舒适的姿势观看投影，床垫弯曲成 S 形和腰腿背曲线贴合饱满，身体重量分布更均匀，长时间看投影腰背不累。吸顶灯投影省空间，直接投在白色墙面，老两口不再抢电视（图 4）。

智能床可将老人的后背推起，腿部高度也能单独调节到最舒适的状态，必要时还能秒变护理床

图 4　卧室影院

▶ 营造老人兴趣空间，暗藏玄机

我根据智能床的可变形特性，设计了一款多功能床边柜，在需要的时候它和智能床组合变形成为护理床。智能床把使用者后背托起来，展开的桌面悬浮在床上身前，分类垃圾桶、抽纸、饮料饮用水、零食食品、手机无线充电、语音助手、阅读支架、书架都在手边，大投影在眼前（图5、图6）！

住的舒服，还要心里舒服

· 【零】医院元素，避免产生住在病号房的忧虑；
· 30cm 超薄柜体，给过道宽度保留更多空间；
· 书架右侧不显眼位置收纳围嘴饭兜；
· 放个镜子可以化妆，装个显示器变成床上电脑桌；
· 柜子底部通过磁铁吸附固定位置，避免一碰就跑；
· 柜子背面有专用区域，用于放置可以烧开水的保温杯，此位置远离床，使用过程更安全。

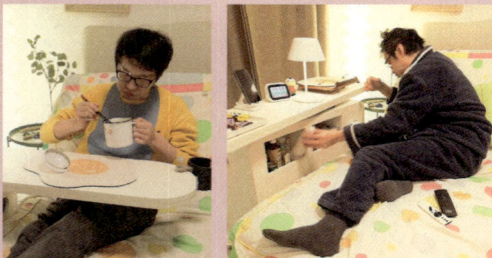

图5 护理床

家里放护理床有必要吗？
看得出这是护理桌吗？

点评
柜子设计考虑了很多细节，十分周到！
建议后续柜子可考虑适当缩短体型，并使台面能够伸缩，以便柜子平时可当作正常的床头柜使用，提高使用率，避免使用时移来移去。

▶ 可爱床边柜，秒变床上桌

第一步：把定向轮柜子拉到床边

第二步：单手拉柜子贴紧床，轻推右侧桌面

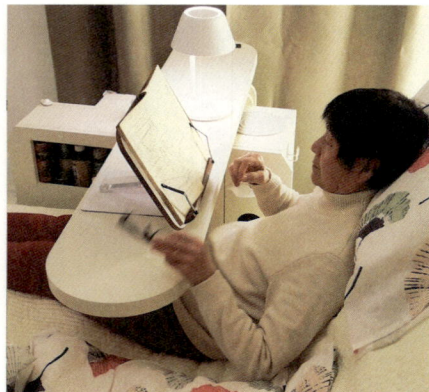

第三步：锁定桌面（5档锁定，角度可调节）

图6 床边柜

▶ 传统床上桌，无法适配可以变形的智能床

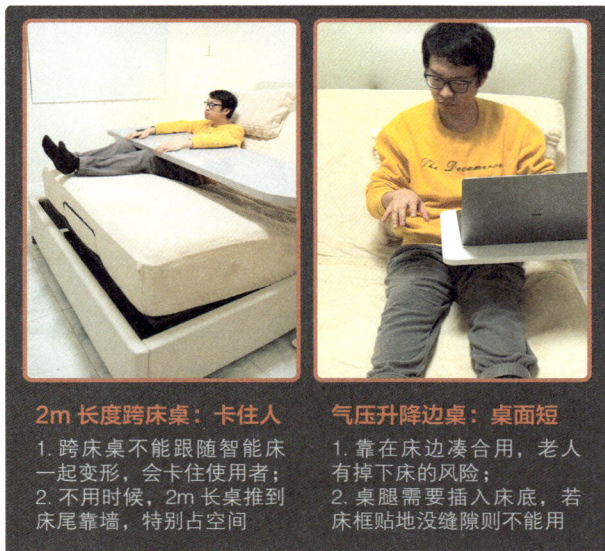

2m 长度跨床桌：卡住人

1. 跨床桌不能跟随智能床一起变形，会卡住使用者；
2. 不用时候，2m 长桌推到床尾靠墙，特别占空间

气压升降边桌：桌面短

1. 靠在床边凑合用，老人有掉下床的风险；
2. 桌腿需要插入床底，若床框贴地没缝隙则不能用

图7　升降边桌

▶ 我设计了能跟床一起变形的桌子，单手可操作

　　卧床身体不方便移动的情况，能够单手完成操作的多功能床上桌，既方便自己，也能减少家属频繁来协助，全家都轻松点（图7～图9）。

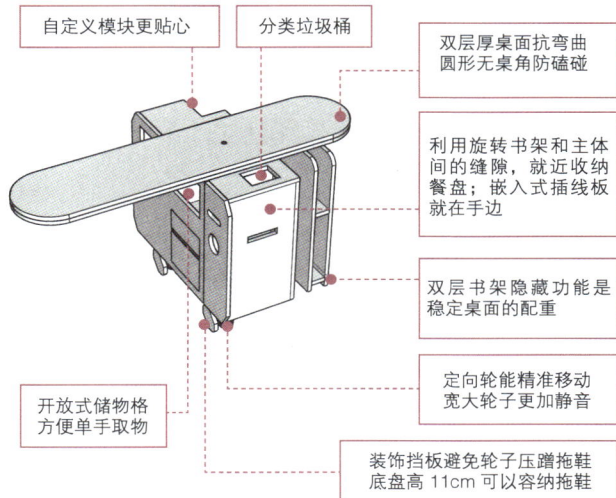

自定义模块更贴心

分类垃圾桶

双层厚桌面抗弯曲
圆形无桌角防磕碰

利用旋转书架和主体间的缝隙，就近收纳餐盘；嵌入式插线板就在手边

双层书架隐藏功能是稳定桌面的配重

定向轮能精准移动
宽大轮子更加静音

装饰挡板避免轮子压蹭拖鞋
底盘高 11cm 可以容纳拖鞋

开放式储物格
方便单手取物

图8　多功能床上桌

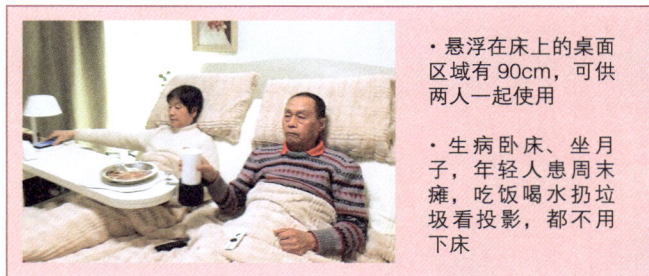

· 悬浮在床上的桌面区域有 90cm，可供两人一起使用

· 生病卧床、坐月子，年轻人患周末瘫，吃饭喝水扔垃圾看投影，都不用下床

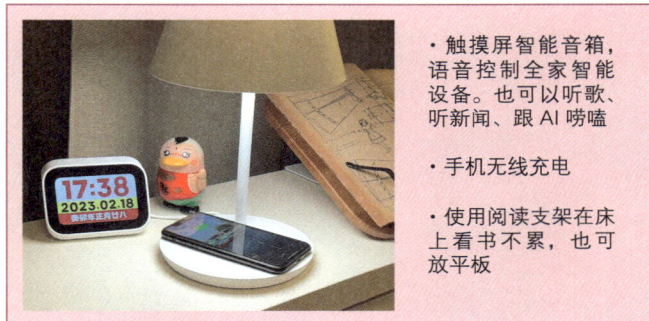

· 触摸屏智能音箱，语音控制全家智能设备。也可以听歌、听新闻、跟 AI 唠嗑

· 手机无线充电

· 使用阅读支架在床上看书不累，也可放平板

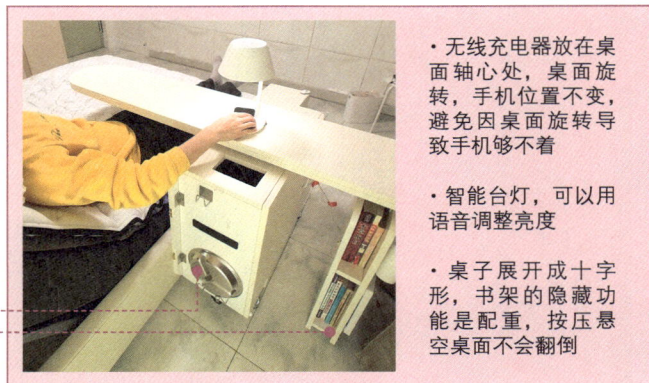

· 无线充电器放在桌面轴心处，桌面旋转，手机位置不变，避免因桌面旋转导致手机够不着

· 智能台灯，可以用语音调整亮度

· 桌子展开成十字形，书架的隐藏功能是配重，按压悬空桌面不会翻倒

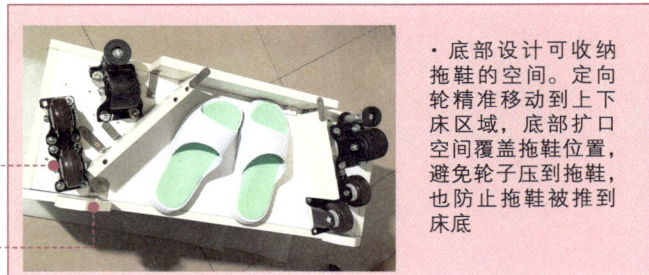

· 底部设计可收纳拖鞋的空间。定向轮精准移动到上下床区域，底部扩口空间覆盖拖鞋位置，避免轮子压到拖鞋，也防止拖鞋被推到床底

图9　多功能桌功能详解

▶ 父亲卧室改造分析

父母的兴趣爱好，完全不同！给老两口营造各自的兴趣空间

梳理核心功能需求
小卧室空间有限，要集合父亲所有爱好，还要腾出活动空间放两把椅子，老两口一起晒太阳。为此，更换单人床和小柜子以释放空间，不常用物品挪到其他房间

凑合能用？子女看着心酸
小卧室放双人床，屋里拥挤只剩狭窄过道。父亲每天在餐厅的旧书桌写日记，桌面下的厚抽屉，父亲坐进去挤压大腿

挖掘长辈的隐藏需求
父亲的乐器散落在家里各处，在客厅弹电钢琴影响老伴看电视。笛子、二胡塞在犄角旮旯，总找不到

量身定制私人空间
中午不拉窗帘，父亲也能睡着，采光最好的房间改造成他的兴趣空间，乐器各归其位，窗外是精心打理的花园和菜地

美景在眼前却看不清楚
窗外是自家院子，父亲喜欢养花种菜，但旧窗户玻璃模糊，还装着简陋的防盗网，窗外美景被遮挡，黯然失色

睡眠质量差急需改善
20世纪的旧床垫不舒服；硬邦邦的床头更不舒服；邻居的空调外机就在窗户旁边，旧设备噪声大

画框窗投其所好是点睛之笔
换微通风窗户，窄扇设计防贼，关上后秒变画框，自家菜园尽收眼底，面朝花海，琴音绕梁。三层玻璃隔声又保暖，舒适又安心

防滑、防摔最重要
在光滑瓷砖上面直接铺石塑地板，粗纹理防滑，老年人走在上面更踏实，1cm厚度结实耐用，无须保养，省心省力

图 10　父亲卧室改造前后对比

178

► 深入了解老人生活习惯 发现痛点再量身定做方案

老式组合柜很高，上面堆放物品，站凳子才能够得着。前几年，妈妈曾踩空摔倒。踩凳子高空取物的安全隐患必须消除；
集合父亲所有爱好的屋子，功能不只是卧室，先在收纳上做取舍。这个房间只存放最常用物品。博古柜下面放贴身衣服，床下抽屉放当季替换床品。后来把窗帘截短，增加4个豆绿色超薄翻斗柜；
外衣放在母亲卧室的大衣柜，换季被子、鞋盒放到阳台储物柜

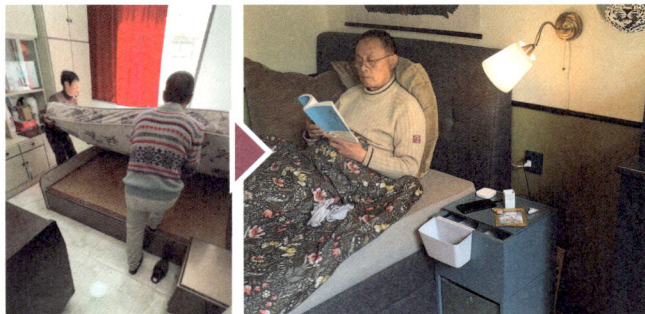

20世纪的旧床，床下取物特别费劲，需要两人合力挪开床垫，再掀起床板，老年人肌肉逐渐退化，搬重物力不从心；
把1.5m宽的双人床换成1.2m单人床，靠墙摆放可以释放空间。床头放在远离窗户的墙角，避免冷风吹脑袋，软包高靠背更舒服

"床前明月光"在院子高处安装一盏深罩灯，色温调到4000K，营造月光从高空洒进窗户、铺满床面的浪漫氛围

小书桌足够写日记，薄抽屉不挤大腿。抽屉分门别类存放药品、文具和电子设备；小书架满足日常阅读需求；照片墙记录老两口的青春记忆；阳光充足时，妈妈特别喜欢坐在大坐垫椅子上刷手机

图11 父母生活场景分析

评委点评

　　这个作品的亮点在于，它是比较少见的设计师亲自动手研发适老化特殊家具的实例。基于父母房间现状，没有大拆大改重新装修，只采用简单的软装家具重新布置，就获得更温馨、更适用的全新居住环境，有效提升老人日常生活的幸福感。设计者动手能力很强，DIY设计研发的护理床诸多细节都颇为有趣。网感十足的短视频也很吸引人。

——居住研究学者、作家、建筑师　逯薇

设计者：郝嘉仪、张卓　　指导者：袁琦、吴向阳

单　位：深圳大学

爱拼公寓

——三户深圳低龄老人的合租生活

▶ 调研公租房背景

随着中国老龄化程度的加深，很多城市租客的年龄也在日渐提升。不少身体机能尚好的年轻老年人依然在工作。据了解，目前深圳的公租房中，年轻老年人合租较为常见。

本方案选取深圳市南山区老旧小区"玫瑰园"内一套四室一厅户型为改造设计对象。该户型租客年龄偏大，多从事家政、保安、司机、厨师等服务行业（图1、图2）。

65+ 老两口
周姨（65岁）、吴叔（68岁），身体状况：良好，无基础病，但不能久站。

60+ 老两口
刘姨（61岁）、李叔（63岁），身体状况：刘姨高血压，李叔糖尿病。

单身 55+ 男老人
王叔（58岁）
身体状况：高血压、痛风

图1　年轻老年人租客介绍

▶ 现有问题

1. 早晨洗漱高峰期卫生间不够用；
2. 餐厨动线不合理，餐桌附近缺乏储药收纳；
3. 房间私密性差，相互干扰；
4. 部分住户起夜流线过长，洗晾流线复杂。

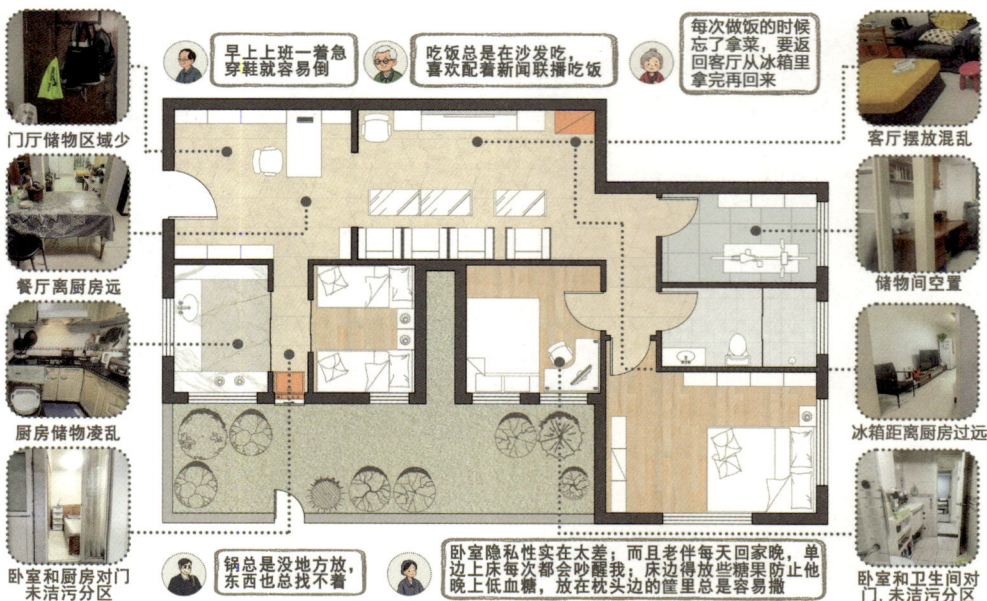

门厅储物区域少

早上上班一着急穿鞋就容易倒

吃饭总是在沙发吃，喜欢配着新闻联播吃饭

每次做饭的时候忘了拿菜，要返回客厅从冰箱里拿完再回来

客厅摆放混乱

餐厅离厨房远

储物间空置

厨房储物凌乱

冰箱距离厨房过远

卧室和厨房对门未洁污分区

锅总是没地方放，东西也总找不着

卧室隐私性实在太差；而且老伴每天回家晚，单边上床每次都会吵醒我；床边得放些糖果防止他晚上低血糖，放在枕头边的筐里总是容易撒

卧室和卫生间对门，未洁污分区

图2　现有问题与租客调研评价

▶ **重新规划各个空间，使之更加合理、实用**

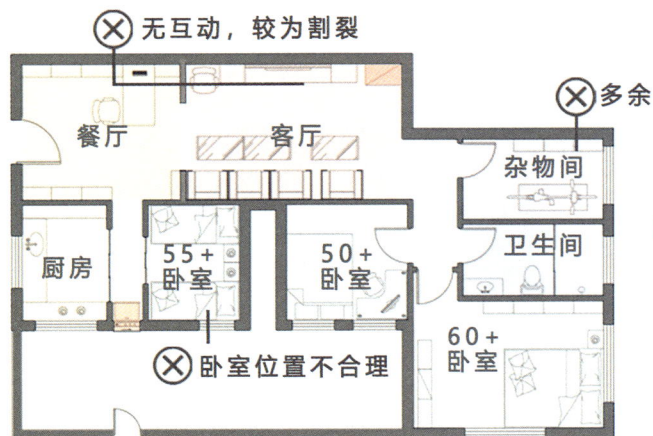

图3 原户型平面功能分区

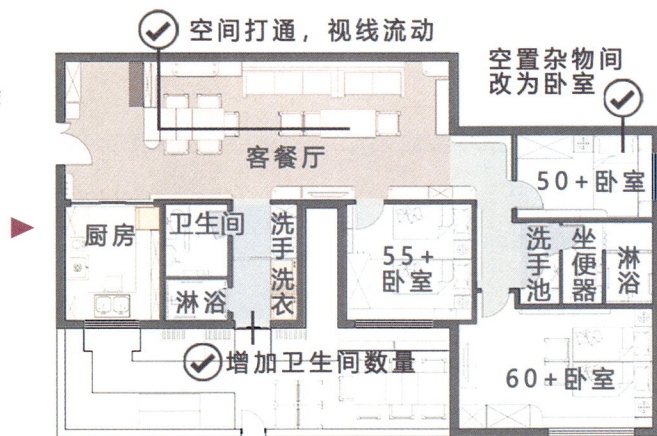

图4 改后户型平面功能分区

▶ **重新梳理各条流线，使之更加便捷、高效**

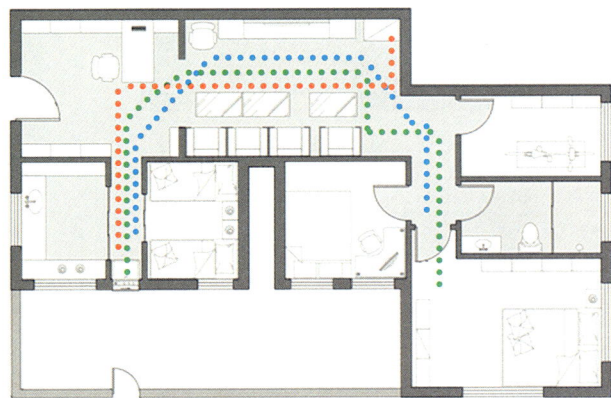

⊗ **厨房到冰箱距离过长；**
洗晾流线曲折；
起夜路途遥远

图5 原户型流线分析图

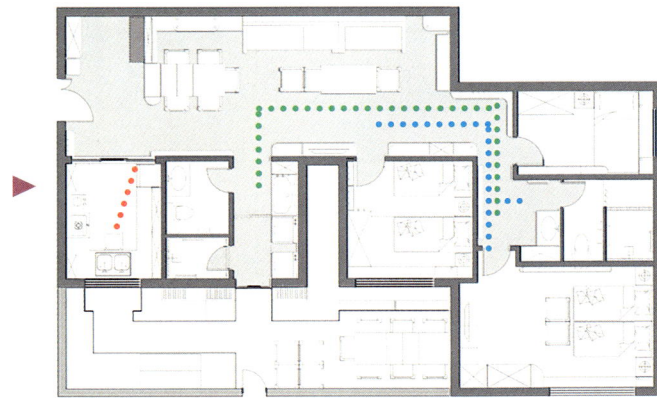

✓ **流线集中，避免跨区**

图6 改后户型流线分析图

▶ **设计理念：安全、健康、舒心、快乐**

顺手挂个衣服

换个鞋到家啦

镜框

老姐妹饭后没事聊聊天

养花养鱼两不误可太棒了

生态池

门厅 ❶

在桌上吃饭也可以看新闻联播啦

客餐厅 ❷

厨房 ❸

卫生间 ❺

洗手

更衣

更衣凳

帘子

洗衣

淋浴

❹

❼ 60+卧室

❻ 55+卧室

洗手池

坐便器

淋浴

❺

65+卧室 ❽

现在做饭好顺手还能坐着洗菜

聚餐 时刻！

图7　改后户型平面图

室外小院子配置疗愈植物，打造疗愈花园

图8　安全便捷的门厅

图9　按做饭流线布置的厨房

图10　温馨舒适的卧室

图 11 室内场景展示图

▶ 门厅精细化，满足合租打工人需求

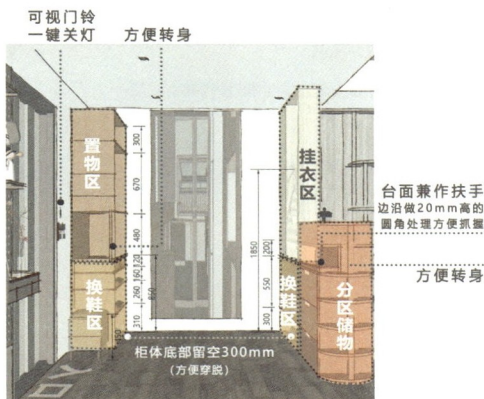

图 12 门厅设计要点

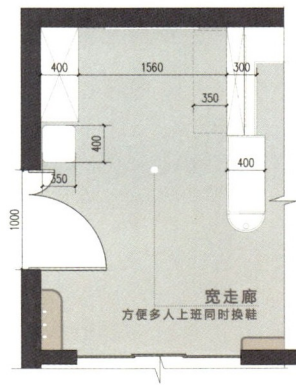

图 13 门厅平面设计

　　为保证上下班高峰期多人同时使用，设计了宽走廊和可折叠换鞋凳（图 12、图 13）。

▶ 客餐空间一体化，促进日常交流

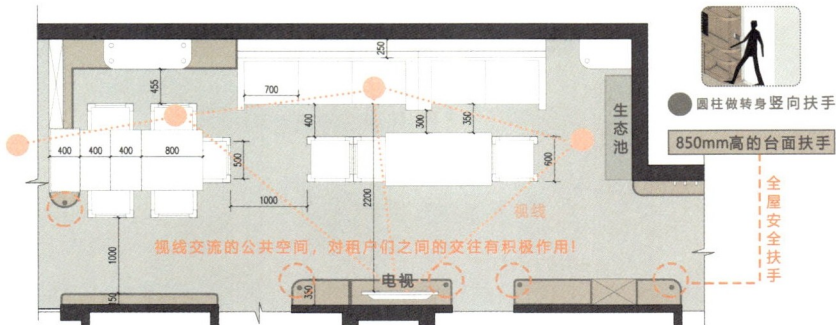

图 14 客餐厅设计要点

　　1. 隔墙打通促进交往，拉近租客彼此之间的距离，出租房也能有家的温暖；

　　2. 沙发餐桌双视角看新闻，吃饭追剧两不误，共同品味生活的美好；

　　3. 餐桌可折叠，四座秒扩八人位，满足聚餐需求；

　　4. 餐桌附近配置分区储物柜，满足基础病老人饭前饭后顺手取药的需求。

图 15 可折叠的就餐空间

▶ 卫生间干湿分离

三分离卫生间，满足多人同时使用需求！

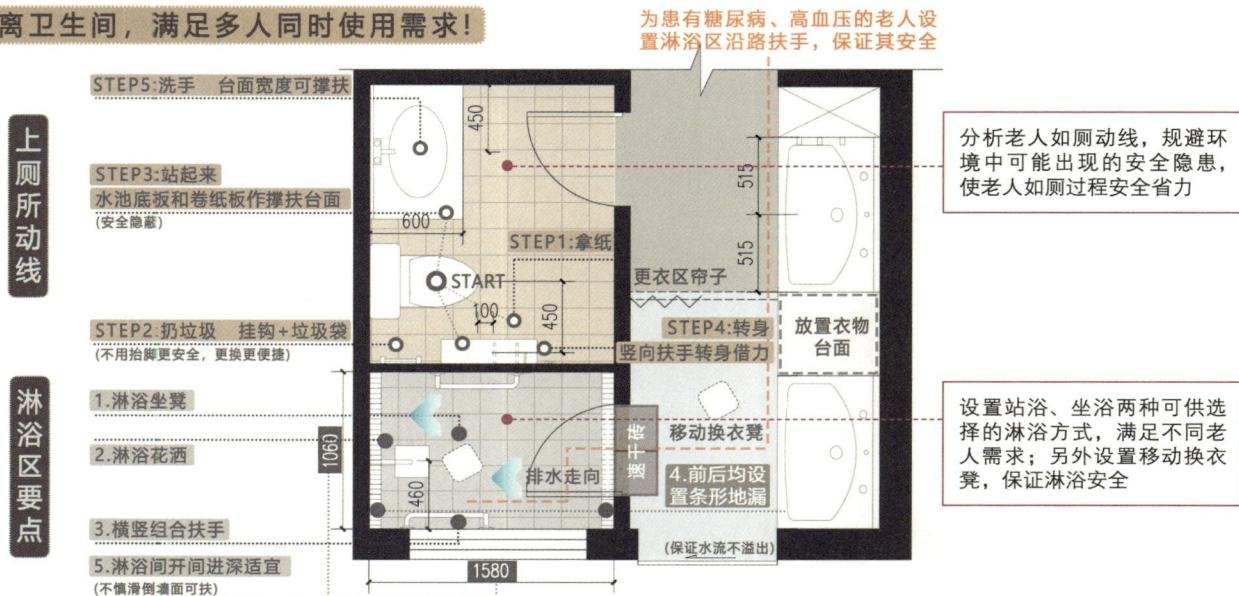

为患有糖尿病、高血压的老人设置淋浴区沿路扶手，保证其安全

上厕所动线

STEP5:洗手　台面宽度可撑扶

STEP3:站起来
水池底板和卷纸板作撑扶台面
（安全隐蔽）

STEP1:拿纸
START

STEP2:扔垃圾　挂钩+垃圾袋
（不用抬脚更安全，更换更便捷）

450
600
100
450

更衣区帘子

STEP4:转身
竖向扶手转身借力

放置衣物台面

513
515

淋浴区要点

1.淋浴坐凳

2.淋浴花洒

3.横竖组合扶手

5.淋浴间开间进深适宜
（不慎滑倒漏面可扶）

1060
460

排水走向

洗衣机

移动换衣凳

4.前后均设置条形地漏
（保证水流不溢出）

1580

分析老人如厕动线，规避环境中可能出现的安全隐患，使老人如厕过程安全省力

设置站浴、坐浴两种可供选择的淋浴方式，满足不同老人需求；另外设置移动换衣凳，保证淋浴安全

图 16　三分离适老化卫生间动线设计要点

▶ 洗晾空间流线集中

　　经调研老年群体洗衣习惯，发现老人经常先手洗再机洗。基于此，洗衣空间采用集中式巧妙布局：上部台面打造水池台盆，方便老人手洗；下部柜体嵌入洗衣机与烘干机，实现手洗机洗无缝衔接，让洗衣过程更加便捷省力。

　　调研显示，深圳地区老人多有户外晾晒衣物的习惯。为此，在室外小院就近增设晾晒格栅，使洗衣后的晾晒流程更加顺畅便捷，大大缩短家务动线，方便老人日常洗衣晾晒（图 17）。

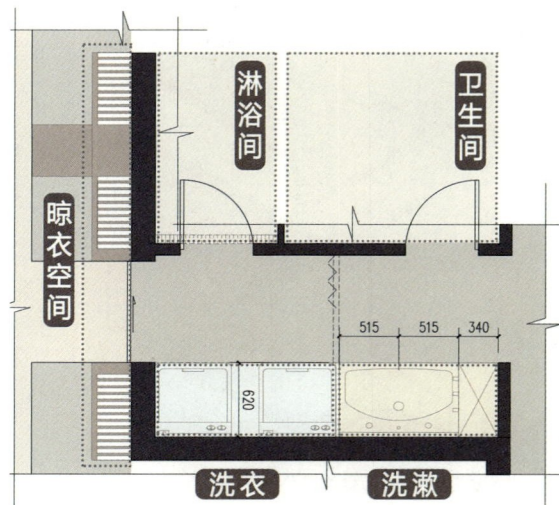

淋浴间

卫生间

晾衣空间

515　515　340
620

洗衣

洗漱

图 17　气候适应的适老化洗晾空间

▶ 厨房做饭体验轻松便捷

图 18　厨房平面图

做饭流线
1200
400
600
900
250
620

图 19　厨房 1-1 剖面图

纸盒、包装盒等杂物
干货食品或储物盒等轻质储物
饼干、茶叶、奶粉等　**中柜**　**明格**　常用餐具等　杯具
切菜区　置物区
矮柜：抽屉
550
300
冷藏区
拿菜　　　切菜　洗菜

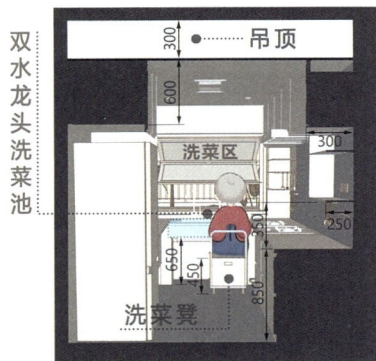

图 20　厨房 2-2 剖面图

双水龙头洗菜池
吊顶
300
600
洗菜区
300
250
650
850
洗菜凳

图 21　厨房 3-3 剖面图

调料　炒菜区　备餐区　调料　放大镜
1000
升降灶台　固定灶台　大件物品米面油锅
850

点评
方案注意在厨房空间中加设中部柜，增加收纳量的同时便于老人操作。

评委点评

　　设计方案巧妙地选取了一个新颖而极具现实意义的主题——老年打工者的合租空间设计。深圳等大城市中低龄老年群体的再就业现象日益凸显，形成了独特的"老漂族"现象。在高昂的房价和租金压力下，外来务工人员的居住环境往往受限，合租则成为一种普遍的生活方式。设计师敏锐洞察这一社会现象，并以实际案例为依据进行细致的行为模式分析。在精准刻画"住户画像"的基础上，设计师聚焦于空间规划和细部处理，展现出了良好的专业素养、强烈的社会责任感和以人为本的设计伦理。

——清华大学美术学院教授、博士生导师　李朝阳

设计者：陈丹琳、吴润冬、刘思佳、耿翠萍、陈鸣　　指导者：蔡健

单　位：中船第九设计研究院工程有限公司

安心宅
——动迁房老人的身心居所

扫描观看视频

▶ 一个真实的故事

一个真实的故事
我搬家前，王奶奶是妈妈同小区的"姐妹"平时看着很健康

王奶奶

甚至有时候我都觉得她很"强壮"

拿捏~轻松

5KG

有一天晚上，她意外滑倒在浴室里，再也没能爬起来

万幸，老伴及时发现，最后王奶奶捡回了命，但从此下肢瘫痪，并随之带来了抑郁状况

接下去的路怎么走呢？

为了方便节节照顾奶奶，居委会帮助他们联系原小区建筑设计公司做适老化改造

目标：让他们的小窝从此改头换面，让奶奶脸上重展微笑

图 1　故事源起

▶ 户主基本情况

刘爷爷：67 岁，当前身高 165cm，体重 75kg。夜间起夜次数较多，爱好读书、养花、摆弄文玩物件。空间需求：能方便照顾老伴，适当减轻照护工作量，并且保留自己的爱好。

王奶奶：64 岁，当前身高 156cm，坐轮椅高度高 130cm，她健康时是小区合唱队主力。两年前摔倒，手术结果不佳下肢瘫痪，家里通透漂亮洒满阳光，患抑郁症一年。空间需求：希望能够自理生活，像以前一样多出门，子女和客人常聚，还能一展歌喉（图 1）。

▶ 小区概况

本案位于上海某高层动迁房小区。十年前居民从市中心各工人新村迁来此处，现 60 岁以上老人占比已超过 60%，50~60 岁占比接近 10%，其中还包括不少空巢老人。

远离子女家庭、周边配套不足、邻里交往稀少使得室内空间成为他们最为宝贵的身心居所。空巢老人刘爷爷、王奶奶居住在小区 55m² 的最小户型中，他们希望通过适老化改造，使居所更加符合他们的生活习惯和内心情感需求（图 2）。

图 2　原户型图

▶ 入户调研及人体工学数据采集分析

通过调研，我们整理时间户内使用不便的内容进行了拍摄记录（图3）。

同时，我们对二老的身体尺度、主要躯干和关节的弯曲角度等尺寸进行了测量与记录，并绘制了他们的模拟形体人偶——小蓝与小红（图4）。

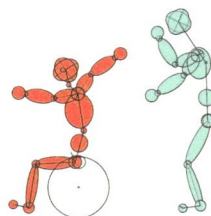

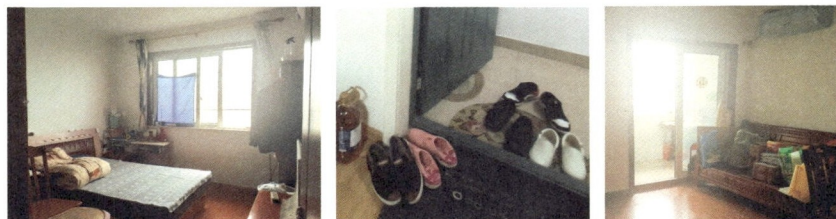

（1）二老作息不完全一致，爷爷起夜声音和灯光会影响奶奶睡眠；爷爷看书和晾衣服等活动不便

（2）门槛影响奶奶轮椅和爷爷的买菜车进出

（3）客厅采光不好，阳台有门槛不方便奶奶去阳台晒太阳；奶奶不便挪位到沙发上，只能在轮椅上看电视

（4）缺乏扶手，奶奶无法自主如厕；淋浴区较窄，他人助浴时转不开身

（5）餐厅台面不足，物品摆放较为凌乱；餐桌与轮椅高度不匹配，轮椅无法插入餐桌下方

（6）厨房狭窄，物品较多，储存空间不够，台面较为凌乱

图3　老人生活空间使用问题

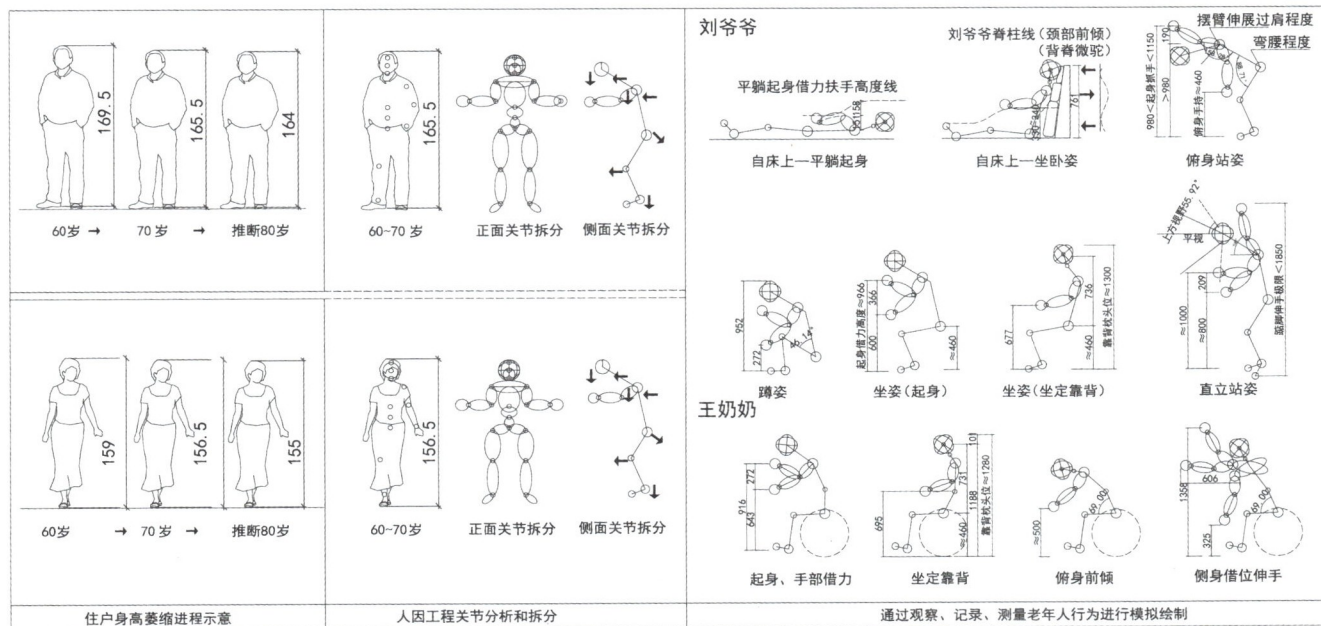

图4　老人人体工学尺寸模拟

▶ 户型改造设计过程示意

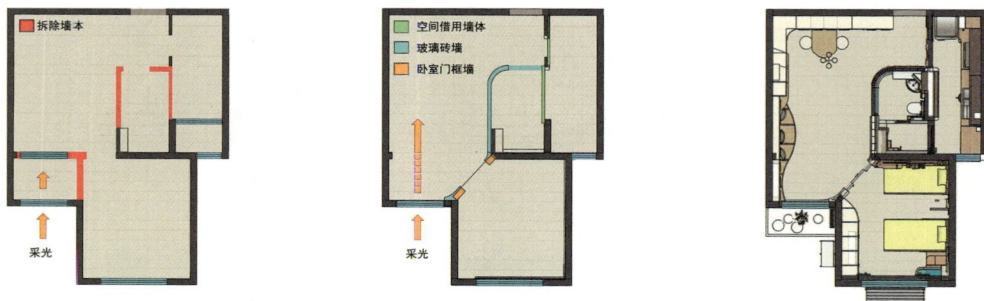

图 5　户型改造设计各步骤设计内容及深度示意

▶ 设计理念

布局：拆除卫生间及阳台部分墙体，将卫生间隔墙改为曲线玻璃砖墙，卧室门改为斜向推拉门，创造开敞连通的居住环境。厨房与外阳台打通，并且在卫生间与外阳台之间设门，使外阳台成为可变助浴空间。退让卫生间隔墙，使厨房可双侧设置台面。

自然：改善户内环境，引入风（扩大外窗促进自然通风，并增加新风系统）、水（玻璃砖墙嵌入鱼缸，形成符合二老身高的水台）、阳光（拆除起居与阳台间隔墙，引入更多采光）、大地（木质地暖地板、木质家具色调柔和）等自然元素。

秩序：无障碍空间支持老人自行开展活动，保持作息秩序；智能灯光、联动门隔声、防滑材料等降低老人安全风险；增设的多用途空间可待客、种花、K 歌、读书以满足二老的精神需求（图 6）。

图 6　起居空间展示图

点评

卧室墙改为斜墙，并取消封闭阳台后，使整个空间豁然开朗！有四两拨千斤之感。

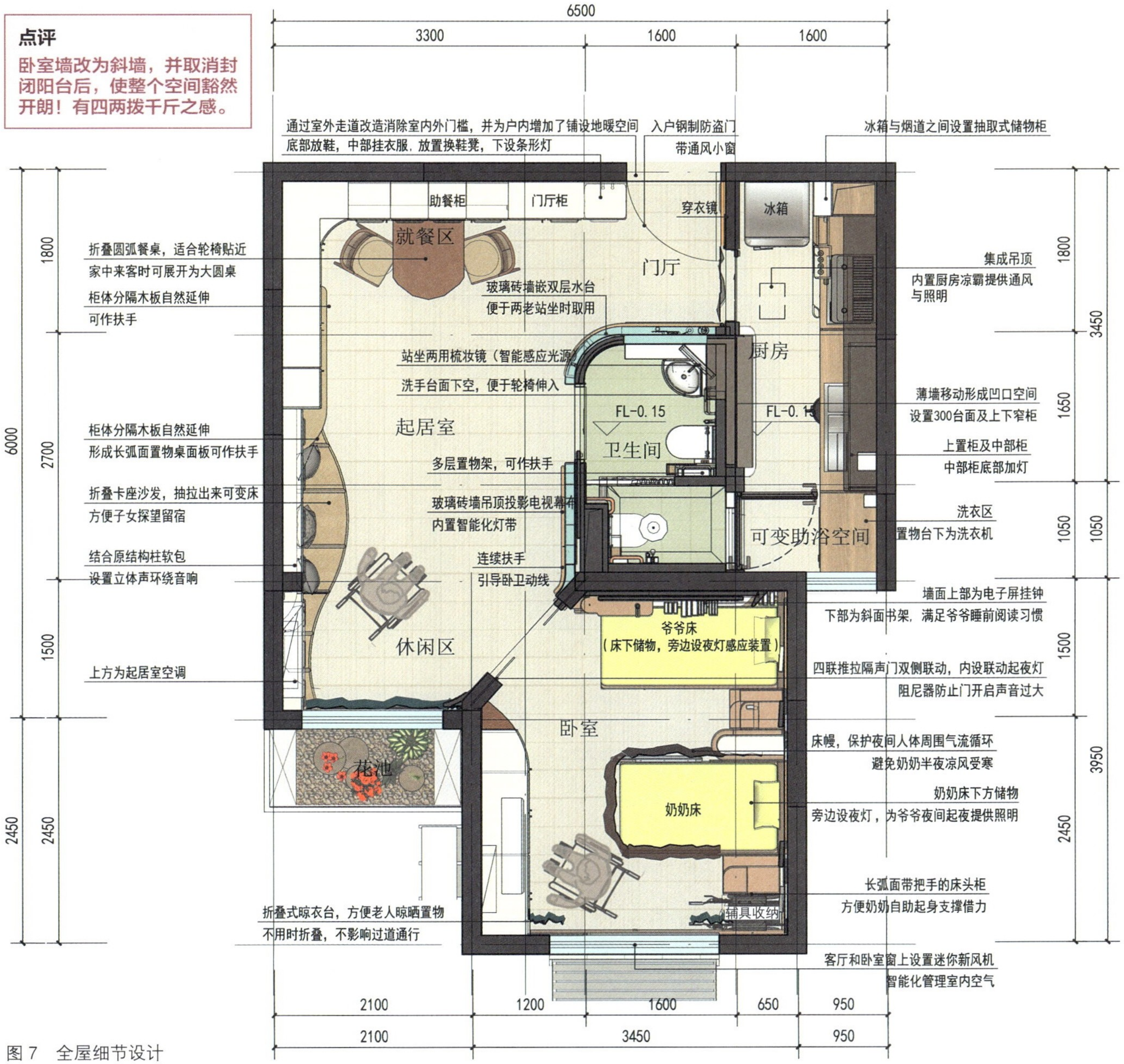

图7 全屋细节设计

图中文字标注：

通过室外走道改造消除室内外门槛，并为户内增加了铺设地暖空间
底部放鞋，中部挂衣服，放置换鞋凳，下设条形灯

入户钢制防盗门
带通风小窗

冰箱与烟道之间设置抽取式储物柜

助餐柜　门厅柜

穿衣镜

冰箱

就餐区

玻璃砖墙嵌双层水台
便于两老站坐时取用

门厅

厨房

集成吊顶
内置厨房凉霸提供通风与照明

折叠圆弧餐桌，适合轮椅贴近
家中来客时可展开为大圆桌

柜体分隔木板自然延伸
可作扶手

站坐两用梳妆镜（智能感应光源）
洗手台面下空，便于轮椅伸入

起居室

卫生间

FL-0.15　FL-0.15

薄墙移动形成凹口空间
设置300台面及上下窄柜

柜体分隔木板自然延伸
形成长弧面置物桌面板可作扶手

多层置物架，可作扶手

上置柜及中部柜
中部柜底加灯

折叠卡座沙发，抽拉出来可变床
方便子女探望留宿

玻璃砖墙吊顶投影电视幕布
内置智能化灯带

可变助浴空间

洗衣区
置物台下为洗衣机

结合原结构柱软包
设置立体声环绕音响

连续扶手
引导卧卫动线

休闲区

墙面上部为电子屏挂钟
下部为斜面书架，满足爷爷睡前阅读习惯

爷爷床
（床下储物，旁边设夜灯感应装置）

四联推拉隔声门双侧联动，内设联动起夜灯
阻尼器防止开门声音过大

上方为起居室空调

卧室

床幔，保护夜间人体周围气流循环
避免奶奶半夜凉风受寒

奶奶床下方储物
旁边设夜灯，为爷爷夜间起夜提供照明

奶奶床

花池

长弧面带把手的床头柜
方便奶奶自助起身支撑借力

折叠式晾衣台，方便老人晾晒置物
不用时折叠，不影响过道通行

辅具收纳

客厅和卧室窗上设置迷你新风机
智能化管理室内空气

尺寸标注：
6500　3300　1600　1600
1800　2700　1500　2450
6000
3450　1650　1050　1500　2450
1050　3950
2100　1200　1600　650　950
2100　3450　950

▶ 卧室起夜行为活动分析

爷爷半夜醒来起夜，奶奶还在熟睡中

爷爷双脚落地触发床下及边柜感应灯，床幔遮挡光线保证奶奶睡眠

爷爷移动时门框内、墙面内衬处感应光源跟随点亮

推拉门触发起居室的扶手背衬灯、卫生间门框灯，提供环境光照明

老人可打开卫生间顶灯和镜前灯，提供正常照度照明

图 8　爷爷夜间起夜动作分析

▶ 起居室行为活动分析

图 9　奶奶通过辅助台面完成自主挪位

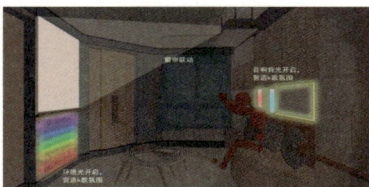

图 10　客厅灯光"一键"切换为唱 K 模式

为方便奶奶自主挪位，沙发旁设有辅助台面充当隐形扶手。由此可避免家中出现过多扶手，保护老人自尊心。

智能化灯光和窗帘联动设置使得奶奶可以在沙发上控制整个客厅的光源渐变，并通过遥控器"一键"进入唱 K 时间。

▶ 可变家具、可变空间分析

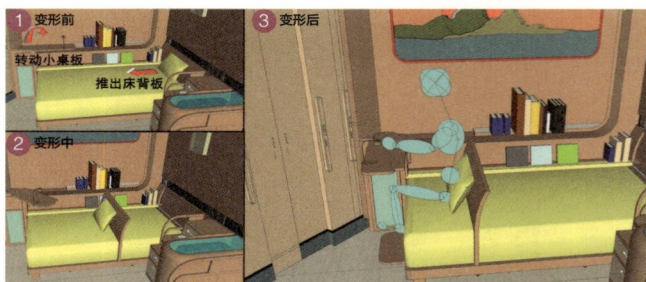

图 11　爷爷床旁设可变工作台，使得二老均有独立空间

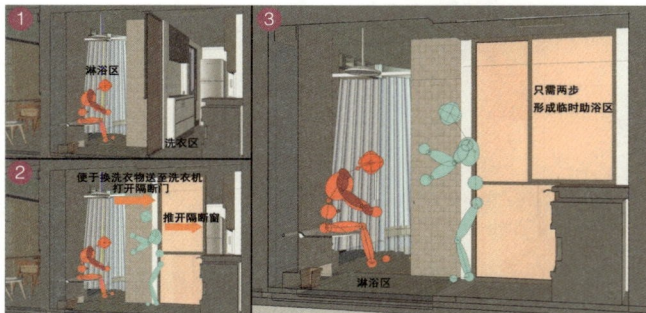

图 12　淋浴间可借用厨房洗衣机前方的空间形成可变助浴空间，方便他人帮助奶奶洗浴

点评

利用小阳台形成可变助浴空间是一个设计巧思，但需加强阳台空间的保温性能。

▶ **重点立面细节设计**

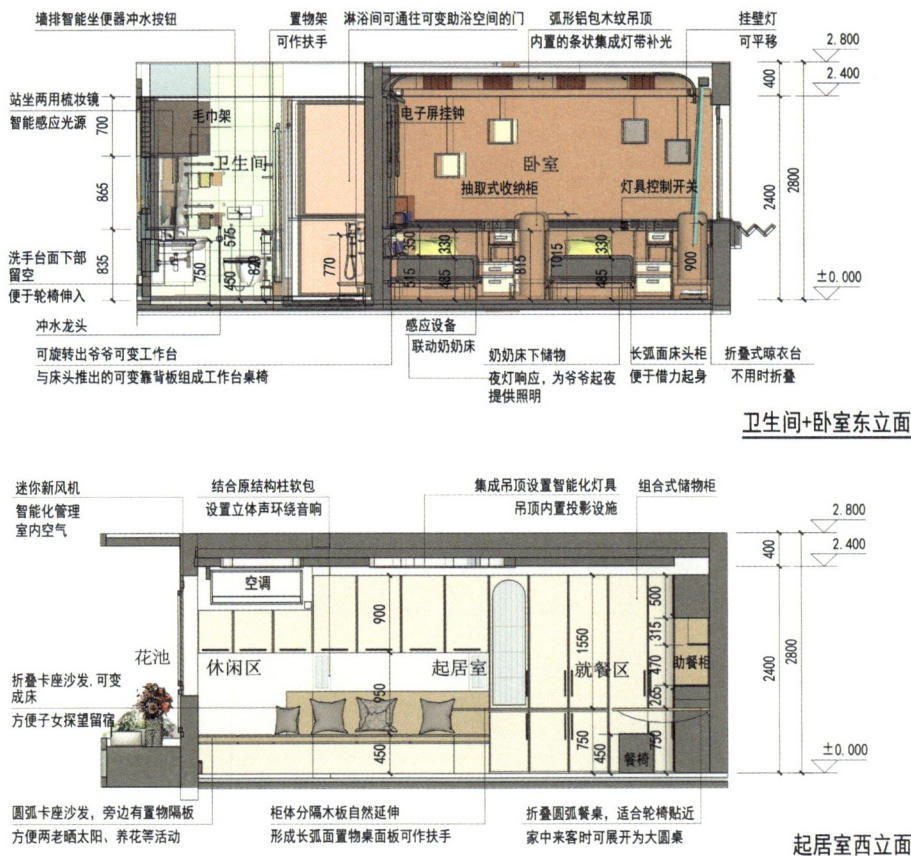

墙排智能坐便器冲水按钮　　置物架可作扶手　　淋浴间可通往可变助浴空间的门　　弧形铝包木纹吊顶内置的条状集成灯带补光　　挂壁灯可平移

站坐两用梳妆镜智能感应光源

毛巾架

卫生间

电子屏挂钟

卧室

抽取式收纳柜　　灯具控制开关

洗手台面下部留空便于轮椅伸入
冲水龙头

感应设备联动奶奶床

奶奶床下储物夜灯响应，为爷爷起夜提供照明

长弧面床头柜便于借力起身

折叠式晾衣台不用时折叠

可旋转给爷爷可变工作台
与床头推出的可变靠背板组成工作台桌椅

2.800　2.400　400　2400　2800　±0.000

卫生间+卧室东立面

迷你新风机智能化管理室内空气

结合原结构柱软包设置立体声环绕音响

集成吊顶设置智能化灯具吊顶内置投影设施

组合式储物柜

空调

花池

休闲区　　起居室　　就餐区　　助餐柜

折叠卡座沙发,可变成床方便子女探望留宿

圆弧卡座沙发,旁边有置物隔板方便两老晒太阳、养花等活动

柜体分隔木板自然延伸形成长弧面置物桌面板可作扶手

折叠圆弧餐桌,适合轮椅贴近家中来客时可展开为大圆桌

2.800　2.400　400　2400　2800　±0.000　500　315　470　265　750　450　餐椅

起居室西立面

图13　室内重点部位立面图

▶ **细部改造**

户外走道　3%　1650　户内门厅

入口局部平面

户内　215　外墙皮　户外
室内原地层　入户门框　存在高差

1-1剖面改造前

户内　215　外墙皮　户外
户内地暖面层　入户门框　放坡填充层

1-1剖面改造后

原建筑墙体　地面装饰层　发热电缆
抹灰层　找平层　加固钢丝网
密封膏　隔离层（潮湿）　保温层（泡沫
防潮层　豆石混凝土填充　塑料绝热板）
边角保温条　楼板或地面　防潮层（地面）

户内地暖面层　细部构造

经现场实测，入户存在100mm高差，户外走道长度超过1.6m，可做3%缓坡满足无障碍和平时正常行走，户内垫高满足地暖工程，需要100mm面层左右，最终仅预留3mm室内外高差作为防水防虫界面

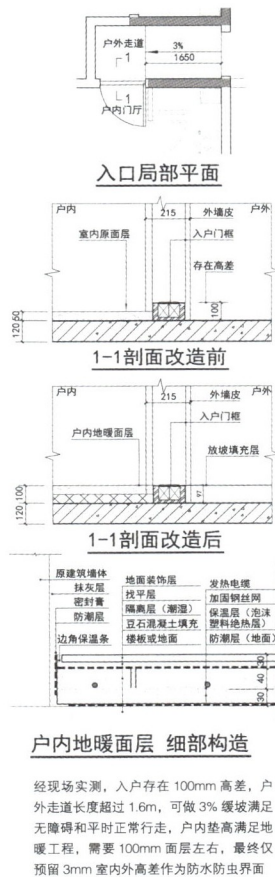

图14　入口及地暖细部构造

评委点评

　　该作品空间设计手法巧妙且实用，兼顾美观与舒适性。尤为值得一提的是卫生间角部设为弧线，卧室门隔墙斜置，使得小空间中有"豁然开朗"之感，不仅有效改善了家中的采光通风效果，也更加利于老年人的行进动线，保障了其日常活动的安全与便捷。

　　该作品图纸表达细腻、深入，其剖立面图、节点大样图值得业内同行参考、学习。

　　整体而言，该作品是设计师在一个有限空间内，对适老化生活空间的一次成功探索，以其细腻而巧妙的空间设计，为老年人打造了一个温馨、舒适、便捷的生活环境。

——清华大学建筑学院教授、博士生导师　周燕珉

图书在版编目（CIP）数据

适老·宅：居家适老化改造设计创新案例解析 / 周

燕珉主编 . -- 北京：中国建筑工业出版社，2025.5.（2025.10 重印）

ISBN 978-7-112-31175-0

Ⅰ . TU241.93

中国国家版本馆 CIP 数据核字第 20252V8E28 号

责任编辑：费海玲　焦　阳

责任校对：李美娜

适老·宅——居家适老化改造设计创新案例解析

周燕珉　主编

*

中国建筑工业出版社出版、发行（北京海淀三里河路 9 号）

各地新华书店、建筑书店经销

北京雅盈中佳图文设计公司制版

北京富诚彩色印刷有限公司印刷

*

开本：889 毫米 ×1194 毫米　1/20　印张：9⅗　字数：307 千字

2025 年 6 月第一版　　2025 年 10 月第二次印刷

定价：98.00 元

ISBN 978-7-112-31175-0

　　（44867）